Herbert Henzler

Führung? Führung!

Herbert Henzler

Führung? Führung!

Bewährte Tugenden neu gedacht – aus dem Erfahrungsschatz eines Spitzenmanagers

HANSER

Alle in diesem Buch enthaltenen Informationen wurden nach bestem Wissen zusammengestellt und mit Sorgfalt geprüft und getestet. Dennoch sind Fehler nicht ganz auszuschließen. Aus diesem Grund sind die im vorliegenden Buch enthaltenen Informationen mit keiner Verpflichtung oder Garantie irgendeiner Art verbunden. Autor und Verlag übernehmen infolgedessen keine Verantwortung und werden keine daraus folgende oder sonstige Haftung übernehmen, die auf irgendeine Weise aus der Benutzung dieser Informationen – oder Teilen davon – entsteht.

Ebensowenig übernehmen Autor und Verlag die Gewähr dafür, dass die beschriebenen Verfahren usw. frei von Schutzrechten Dritter sind. Die Wiedergabe von Gebrauchsnamen, Handelsnamen, Warenbezeichnungen usw. in diesem Werk berechtigen auch ohne besondere Kennzeichnung nicht zu der Annahme, dass solche Namen im Sinne des Warenzeichen- und Markenschutz-Gesetzgebung als frei zu betrachten wären und daher von jedermann benützt werden dürften.

Bibliografische Information der Deutschen Nationalbibliothek:

Die Deutsche Nationalbibliothek verzeichnet diese Publikation in der Deutschen Nationalbibliografie; detaillierte bibliografische Daten sind im Internet über <http://dnb.ddb.de> abrufbar.

www.hanser-fachbuch.de
Lektorat: Lisa Hoffmann-Bäuml
Redaktion: Regina Carstensen
Herstellung: Cornelia Speckmaier
Satz: Kösel Media GmbH, Krugzell
Copyright Autorenbild: Sascha Kreklau
Coverrealisation: Max Kostopoulos
Druck und Bindung: Friedrich Pustet GmbH & Co. KG, Regensburg
Printed in Germany

Print-ISBN: 978-3-446-45938-0
E-Book-ISBN: 978-3-446-46076-8
ePub-ISBN: 978-3-446-46299-1

Das Buch ist meinen Kindern
Nicole, Oliver, Eliora, Ilan und Yoran gewidmet.

Inhalt

Führung in der Welt 4.0

Gerade in der jetzigen globalen und digitalen Zeit tut Führung mehr als not, ähnlich wie Seefahrer einst der Meinung waren, dass Seefahrt nottut und später, in der frühen Zeit der Manufakturen, Handwerker der Meinung waren, dass Handwerk nottut. Mit diesen Aussagen wurden damals Notwendigkeiten ausgedrückt, denn es herrschte sowohl in der Seefahrt als auch im Handwerk ein echter Mangel an Seeleuten und Schiffen beziehungsweise Handwerkern und Werkzeug. Heute herrscht ein echter Mangel an Führung.

In gewisser Weise soll dieses Buch eine Art Vermächtnis über Führung sein, jedenfalls versammelt es meine Erfahrungen, die ich als Berater in vielen Unternehmen gemacht habe, einschließlich die meiner eigenen Karriere.

Es fehlen Visionen, Utopien - zumindest gute -, es fehlen Persönlichkeiten, um Unternehmen in die Zukunft zu führen, die nicht nur auf Effizienz, Effektivität und Optimierung aus sind, den alten wirtschaftlichen Idealen. Mögen Giganten wie Facebook und Google zwar vieles optimieren (hauptsächlich Daten), sie haben jedoch keinen üblichen volkswirtschaftlichen Nutzen wie eine Maschine oder eine Straße. Letztlich bedeutet das: Die Leistungsgesellschaft, die wir einst kannten, wird nicht länger unser Fundament sein, wir stehen vor einem gewaltigen Umbruch, Digitalisierung und

Globalisierung werden zu massiven Umwälzungen führen. Die mächtigen, hohen Firmengebäude von einigen Unternehmen und Banken werden einmal brachliegen wie aktuell Kohlebergwerke und Stahlhütten. Angesichts dieser vor uns liegenden Herausforderungen wird Führung in Zeiten massiven Wandels zu einer besonders wichtigen Komponente. Ohne Führung gibt es keinen gesellschaftlichen und wirtschaftlichen Zusammenhalt, keine konsequente Haltung, keine Übernahme von Verantwortung, kein Fehlereingeständnis. Im angloamerikanischen Umfeld wird sogar das Recht proklamiert, dass man geführt werde: »I have a right to be lead.«

Das Wissen über Führung basiert nicht auf wissenschaftlichen Regelmäßigkeiten, nicht im Sinne von Wenn-dann-Aussagen, wie sie bei Naturgesetzen getroffen werden können (»Wenn Menschen der Schwerkraft unterliegen, dann tun es auch Vögel«). Das Erlernte ist nicht in jeder Situation anwendbar, nie kann man wissen, ob es tatsächlich klappt. Schon gar nicht kann Führungswissen im Rahmen einer angestrebten Genauigkeit als wahr akzeptiert werden. Dafür ist Führungswissen viel zu subjektiv – zumal man, um andere führen zu können, in der Lage sein sollte, sich selbst führen zu können. Und das kann ein weites Feld sein ... Der menschliche, der psychologische Faktor spielt bei Führung also eine große Rolle. Unternehmen sind nicht immer so rational, wie man vielleicht denken mag.

Aber es gibt ein Rüstzeug, das sich in der Praxis bewährt hat – jedenfalls in der Vergangenheit. Ob man damit auch in der Zukunft Erfolg abrufen kann, ist fraglich. Aber wenn es bislang noch keine Alternativen gibt, können sie als Maßstab für Führung herhalten. Viel hängt aber auch davon ab, wie wir Erfolg weiterhin definieren wollen. Den Erfolg von Unternehmen und den der Menschen, die in ihnen arbeiten.

Jedenfalls: In diesem Buch soll es um das Handwerkszeug gehen, das ich für essenziell halte, um Beobachtungen, die ich in meiner Zeit bei McKinsey und der Credit Suisse gemacht habe. Die meisten Beispiele aus der Praxis stammen deshalb im Wesentlichen aus Großunternehmen. Die Arbeit mit und bei ihnen umfasste mehrere DAX-Konzerne, darunter Daimler, Deutsche Bank, SAP oder Siemens. Ich hatte aber auch Gelegenheit, zwei »Hidden Champions« kennenzulernen, die Festo AG, einen Anbieter von pneumatischen Automatisierungslösungen, sowie das Familienunternehmen Kärcher, das Reinigungsgeräte und Reinigungssysteme anbietet. Weiterhin bekam ich Einblick in einige mittelständische Unternehmen, etwa in das Medien- und Technologieunternehmen Burda, in die Reemtsma Cigarettenfabriken oder in die Firmen der Quandt-Gruppe.

Seit meiner Schulzeit im Schwäbischen habe ich erlebt, wie in Nürtingen, der »Stadt der Strickwaren« (so stand es früher auf dem Poststempel), ein Niedergang der 33 meist mittelständisch geprägten Strickwarenunternehmen stattfand. Gerade einer einzigen Firma gelang es, sich über Wasser zu halten. Hatte das etwas mit Führung zu tun? Mit fehlenden Investitionen? Mit einem mangelnden Weitblick? Mit gesellschaftlichen Veränderungen? Diesen Fragen wird sich jede Führungskraft immer wieder stellen müssen.

In den letzten zehn Jahren rückten aber auch neue Unternehmensformen in meine Perspektive, so beschäftigte ich mich intensiv mit Start-ups, zunächst als Vorsitzender der Start-up-Kommission unter dem damaligen bayerischen Ministerpräsidenten Horst Seehofer und der Staatsministerin Ilse Aigner, später auch als Investor und Ratgeber (bei der Online-Krankenversicherung ottonova, der Altersversorgungsplattform xbAV sowie beim Berliner Company Builder HitFox). Gerade bei Start-ups gilt der Dreiklang »Geschäftsidee – Finanzierung – Unternehmerpersönlichkeit«, um Erfolg zu haben, um gesetzte Ziele zu erreichen. Die besten Ideen taugen nichts, wenn der umsetzungsstarke Unternehmer fehlt.

Aber damit sind meine Erfahrungen noch nicht ausgeschöpft: Über mehr als 30 Jahre hinweg habe ich in der Beratung dazu beigetragen, dass sich junge Menschen zu Führungskräften (vom Projektleiter bis zum Office Manager) entwickelten. Viele internationale Studenten habe ich in Seminaren geschult, sodass ich dadurch in gewisser Weise auch immer ein Gefühl für den Zeitgeist bekam. Und ich habe mit Sicherheit Tausende von Interviews geführt, um intern in der Beratung und extern für Klienten Führungskräfte beziehungsweise deren Voraussetzungen für einen solchen Job zu testen.

Als Statistiker fiel mir dabei auf, dass in jeder Gruppe von rund 30 Menschen ein ziemlich ähnliches Bild herrschte, was die Selbsteinschätzung betraf. Ein problematisches Bild, um genau zu sein. Fragt man nämlich 30 Leute nach dem Rang, den sie in der Gruppe einnehmen, so erhält man ziemlich genau von 22 Teilnehmern die Antwort »überdurchschnittlich«. Dabei liegt der Median nur bei 15. Es mag vielleicht auch daran liegen, dass man sich sehr schwertut mit dem Durchschnitt. Und unter dem Durchschnitt geht gar nicht. Andererseits kann ich aus eigener Erfahrung bestätigen, dass selten mehr als 15 bis 20 Prozent einer Kohorte signifikante Führungsfähigkeiten haben. Auf jene 15 bis 20 Prozent kommt es aber an, denn sie können ihre Umgebung verändern, können positive Entwicklungen befördern, können ein Klima schaffen, in dem Mitarbeiter ihr Bestes geben wollen.

Doch wie zeigen sich Führungspersönlichkeiten? Oder anders gesagt: Wie zeigt sich, dass jemand keine Führungsqualitäten hat? Wie wird die mangelnde Kompetenz sichtbar?

Wichtig in diesem Zusammenhang sind Feedback Loops (top-down und idealerweise auch bottom-up), mit denen die Führungskräfteentwicklung ähnlich wie bei Spitzensportlern dokumentiert wird. Weitverbreitet sind zwischenzeitlich auch Befragungen, bei denen Mitarbeiter Aussagen über ihr subjektives Empfinden, über ihre Einschätzungen zur Unternehmenskultur, insbesondere zur Führungskultur machen. Ich kann mich noch gut erinnern, als wir 1985 das erste Mal bei McKinsey eine umfassende Befragung unter den Mitarbeitern machten und in einzelnen Abteilungen feststellten, dass sie ihren Führungskräften nur bedingt vertrauten. Das hatte zur Folge, dass viele solch eine Führungspersönlichkeit gar nicht erst anstrebten und deshalb daran dachten, die Firma zur Unzeit zu verlassen.

Gerade junge Leute fordern heute eine anspruchsvolle Führung. Sie suchen keine Lebensstellung mehr, wissen, dass sie oft vielseitig begabt sind, weshalb sie vor Dienstantritt sehr genau die Angebote prüfen. Und wenn es dann aus irgendwelchen Gründen nicht klappt, wenn sie sich etwa nicht professionell oder persönlich weiterentwickeln können, ziehen sie weiter.

Der Ausspruch von Evaluatoren »You see what you get and you get what you see« (»Du bekommst nur das, was Du siehst«) bezeichnet die Entwicklung einer Person, die »angekommen« war und von der man keine weitere Entwicklung erwarten darf. Zwar wird dann entgegen dieser Einschätzung doch eine Beförderung gemacht – weil eben keine bessere Alternative vorhanden ist. Und dabei stellt man fest, dass ein Entwicklungspotenzial schon von Anfang an nicht gegeben war.

Die Ergebnisse dieser Mitarbeiterbefragung führten aber auch dazu, dass sich danach die Führungskultur deutlich verbesserte. Stehende Redewendungen wie »You cannot be a leader without followers« (im übertragenen Sinne: »Ohne Indianer kann man kein Häuptling sein«), »He is a people eater« (»Er ist ein Menschenvernichter«) oder »He preaches water and drinks wine« (»Er predigt Wasser und trinkt Wein«) machten die Runde und bezeichneten häufig einzelne Personen.

Gegenwärtig ist zu erleben, dass sich viele Menschen in einer Komfortzone eingerichtet haben und diese nur ungern verlassen. Erst kürzlich hörte ich von einem Krankenhauschef, dass es immer schwieriger werde, unter Krankenschwestern eine Person zu finden, die bereit ist, sich für eine Stelle als Oberschwester mit Disziplinarverantwortung zu bewerben. Gleiches gilt für Leiter und Leiterinnen von Grundschulen, Kindergärten, Fitnessstudios, Filialen von Banken und Versicherungen oder Einzelhandelsläden. Es mag mit der unzureichend höheren Bezahlung zusammenhängen, vor allem aber gilt die Aussage von Alfred Herrhausen, dem von der RAF ermordeten Vorstandschef der Deutschen Bank: »Führung muss man wollen.« Bevor man Christian Stäblein im April 2019 zum evangelischen Landesbischof von Berlin-Brandenburg ernannte, wurden im Vorfeld angeblich 24 Kandidaten befragt – alle lehnten dankend ab.

In diesem Buch habe ich meine Eindrücke und Schlussfolgerungen über Führung festgehalten. Doch für wen? Vornehmlich möchte ich mich an zwei Gruppen von Menschen wenden: Zum einen an solche, die eine Führungskraft werden wollen. Hier denke ich besonders an die Tausenden von Studierenden, die ich unterrichten durfte und noch immer unterrichte. Zum anderen habe ich die Menschen im Sinn, die bereits Führungskräfte sind, aber eher auf unteren Ebenen, jedoch weiter an die Spitze kommen wollen, bis ins Topmanagement. Sie machen jene 15 bis 20 Prozent der Mitarbeiter in einer Organisation aus, die führen wollen und für weitere Führungsaufgaben anstehen.

Letztlich ist es eine verhältnismäßig kleine Gruppe von Menschen, die dann 20, manchmal 40 Jahre lang, oft über eine Generation hinaus, eine Organisation prägen. Und je höher sie in dieser angesiedelt sind, desto mehr sind sie in der Lage, ihr Gesicht zu verändern. Desto mehr können sie auf den Wandel in der Gesellschaft reagieren – wenn sie auf die Umbrüche nicht warten wie auf das Wetter.

Doch Menschen wollen gestalten, wollen mitbestimmen, wie wir leben wollen. Was heißt, dass Führung nicht allein von den CEOs bestimmt wird – am Ende muss die gesamte Company performen. Das sollte sich jeder Leader bewusst machen.

1

Tolle Leute und ziemliche Flaschen

Meine erste persönliche Führungserfahrung begann vermutlich im Kindergarten bei Tante Ilse in der unmittelbaren Nachkriegszeit. Tante Ilse konnte so wunderbare Geschichten erzählen und so herrliche Lieder singen, und es dauerte nicht lange, bis sie fragte: »Wer kann das Lied vom letzten Mal vorsingen? Wer kann die Geschichte von gestern erzählen?« Die Wahl fiel regelmäßig auf mich oder meinen etwas älteren Freund »Mühlesieger«, da wir immer aufmerksam zugehört hatten. Wir ließen uns nie lange bitten, augenblicklich gaben wir unser Bestes und stachen damit unter den anderen Kindern hervor. So war es sinnstiftend, auch beim Vorsingen oder Erzählen unter Gleichaltrigen herausgehoben zu werden, denn wenn man im »Flecken«, wie unser Dorf Neckarhausen genannt wurde, als »heller Kopf« galt, waren die Eltern besonders stolz. Und mir gefiel es, als ein solcher zu gelten.

Nach der Schulzeit, die ich mit mittlerer Reife abschloss, machte ich eine dreijährige Lehrzeit bei der Deutschen Shell in Stuttgart und später Freiburg. Hier gab es hingegen viel zu wenige Gelegenheiten, sich als Führungsnatur auszuzeichnen. Ich arbeitete jeweils acht bis zehn Wochen in den einzelnen Abteilungen, versuchte, viel zu lernen, schrieb ordentliche Lehrlingsberichte und genoss die Berufsschule (wöchentlich einen Tag) unter Lehrer Rosenkranz in Stuttgart zur geistigen Weiterentwicklung. Bereits vor Antritt in einer neuen Abteilung wurde unter den Lehrlingen lang und breit ausgehandelt, was man von dem jeweiligen Abteilungsleiter oder der jeweiligen Abteilungsleiterin zu halten hatte. Das betraf auch die neuen Lehrer in der Schule, die wir nach und nach bekamen. Erstaunlich war, dass ich die abgegebenen Beurteilungen nach eingehender Prüfung meist für richtig empfand. Es ist wohl so: Bevor man eine Sache beschreibt, beschreibt man die Person, für die man arbeiten muss. Eine Beobachtung, die mein weiteres Leben begleitete.

Aber wieso kam man zu dem Schluss – und das passierte nicht selten –, dass ein bestimmter Abteilungsleiter es nicht weiter als bis zu dieser Position bringen, dass ein anderer Mitarbeiter, obwohl längst ausgelernt, niemals eine solche Funktion in der Materialwirtschaft, der Buchhaltung oder anderswo anstreben würde? Wie kamen meine Mitschüler, meine Lehrlingskollegen zur weitverbreiteten Meinung über »tolle Leute« oder über »ziemliche Flaschen«? Das musste doch herauszufinden sein. Es interessierte mich brennend.

1.1 Was sind gute, was sind schlechte Ausbilder?

Konnte ich als kaufmännischer Lehrling also nicht meine große Lust am Führen unter Beweis stellen, so begann ich nun, genauer zu beobachten, was Führung ausmachte. 1960 musste ich die Umsatzlisten der Tankstellen im südlichen Schwarzwald erstellen. Es überraschte mich, als ich herausfand, dass bei identisch ausgestatteten Tankstellen (vier

Zapfsäulen für Benzin und Diesel, ein Ölkabinett für Motorenöl) mit jeweils drei Tankwarten an einer Ausfallbundesstraße Unterschiede von bis zu 50 Prozent existierten. Auf meine Frage an die Altvorderen, was denn der Grund hierfür sei, kam die Antwort: »Das liegt am Chef.« (Chefinnen gab es damals noch nicht.) So war es wohl auch, es lag an der Führung. Aber was machte diese Führung aus?

Fortan beschäftigte mich die Frage nach kompetenter Führung. Rasch bemerkte ich, dass die innere Motivationslage bei einem Lehrer wie Herrn Fischer, Herrn Uwira oder Herrn Lehmann gut 30 Prozent höher war als bei anderen Lehrern oder Abteilungsleitern, da sie einen gezielt und bewusst forderten und förderten. Sie holten aus uns Auszubildenden weit mehr an wohlmeinender Schaffensbereitschaft und -kraft heraus als jene, die einem dreimal am Tag sagten, dass Lehrjahre keine Herrenjahre seien. Oder, fast noch schlimmer: »Was Hänschen nicht lernt, lernt Hans nimmermehr.«

Doch es gab noch weitere Unterschiede zwischen guten Ausbildern und weniger guten. Ein guter Leiter eines Großtanklagers in Stuttgart (Herr Hahn) machte keine Fehler bei der Inventuraufnahme, während nahezu alle Mitarbeiter (wir Lehrlinge eingeschlossen) Inventurdifferenzen produzierten und bei ihnen ständig nachgebessert werden musste. Eine gute Kontokorrent-Abteilungsleiterin (Frau Koch) bekam ihre Kontoabstimmung auf den Tag genau und ohne Fehler hin, während die Gebinde- und Anlagenbuchhalter jeweils einige Wochen Nacharbeit brauchten. Der Verkaufsleiter im Neckartal kannte jeden seiner Großkunden persönlich, und seine Verkaufssachbearbeiter erledigten ihre Aufgaben in seinem Sinne. Andere Verkaufsleiter glänzten mit Forderungsausfällen, mit Verlusten im Propergeschäft gegenüber der Konkurrenz – und mit ungeplanten »Weggängen«.

Bei diesen Beobachtungen blieb es aber nicht, ich erweiterte mein Forschungsfeld und begann, deutliche Unterschiede zwischen den Vespa-Services in Stuttgart und Freiburg festzustellen und zu notieren (auch da lag es am Chef beziehungsweise der Chefin), zwischen dem Turnerbund Neckarhausen und der Turngemeinde Nürtingen (der Turnerbund stieg in die A-Klasse auf, die Turnergemeinde im Handball in die unterste Klasse ab; hier hatte das ebenfalls etwas mit dem Vorsitzenden zu tun gehabt) und zwischen den Geistlichen in unserer Kirchengemeinde (der legendäre Pfarrer Jehle in Neckarhausen war ein »Seelenhirte«, der Jugendpfarrer Geiger in Nürtingen reklamierte für sich die Gottseligkeit).

Je mehr mich Führung faszinierte und ich ihr mit meinem bisherigen Können auf den Grund ging, desto weniger war ich bereit, mich von führungsschwachen Personen anleiten zu lassen. Im Gegenteil: Führungsstarke Persönlichkeiten forderten mich heraus, während führungsschwache Menschen Widerstand in mir weckten. Gut nachzulesen ist das in den Klassenbüchern der Mörikeschule in Nürtingen und den Zeugnissen der Deutschen Shell.

Als mir die Altvorderen zu verstehen gegeben hatten, dass es an den Chefs lag, fing ich auch an, die Pächter der umsatzstarken Tankstellen unter die Lupe zu nehmen. Ich registrierte: Meist waren sie früher an Ort und Stelle als ihre jeweils drei Mitarbeiter, hatten die Tankwarte gut eingeführt und sperrten abends die Tankstelle ab, verließen den Arbeitsplatz als Letzter. Das Ansehen, wie sie von außen wahrgenommen wurden, lag ihnen am Herzen, und Selbiges färbte auf die Mitarbeiter ab.

In meiner weiteren beruflichen Laufbahn konnte ich im Einzelhandel meine Beobachtungen fortsetzen. So war nicht zu übersehen, dass die Filialleiter bei Lidl oder Aldi für Erfolg standen (und bei co op nicht), dass bei Drogerien, Textilhäusern und Buchläden der entscheidende Faktor für den Erfolg in der Person des Ladenleiters, der Ladenleiterin begründet war, ja dass die Filialleitererfahrung häufig der erste Schritt war, um sich als Führungskraft zu entwickeln. Der legendäre Bankier Hermann Josef Abs, der in den 50er- und 60er-Jahren Chef der Deutschen Bank war, erzählte im hohen Alter, wie ihn der Kundenkontakt in der Filiale geprägt habe. Auch ich rekurriere heute noch des Öfteren die paar Wochen, die ich an einer Tankstelle zubrachte (»Darf ich volltanken?«).

1.2 Crashkurs in Sachen Führung als Reiseleiter

Weil mir selbst der Umgang mit Menschen immer viel Spaß machte, mithin der Kundenkontakt (womöglich eine Voraussetzung für eine Führungskraft?), hatte ich mir nebenbei eine Tätigkeit als Reiseleiter gesucht, insgesamt drei Jahre lang, als 17-Jähriger, war ich für das Reisebüro Ruoff in Stuttgart und später für den Deutschen Studentenring (DSR) unterwegs. Auch wenn ich noch keine große Ahnung hatte, wie man Menschen anleitete, diese Skifreizeiten waren ein Crashkurs in Führung.

Und so sah dann die Praxis aus: Als ich mit den ersten Touren anfing, übernachteten wir jedes Mal im Maierhof, einem wunderschönen alten Gasthaus in Westendorf in Tirol. Die Studenten hatten sich angewöhnt, mittags zwischen halb eins und halb drei zum Mittagessen zu erscheinen. Dem Küchenpersonal gefiel das gar nicht, es streikte. Zu Recht bei dieser langen Zeitspanne. Um weiteren Unmut zu verhindern, verkündete ich abends vor versammelter Mannschaft die Botschaft: »Mittagessen gibt es von halb eins bis halb zwei, danach ist die Küche geschlossen.« Alle nickten, kein Widerstand regte sich, es war ja noch lange hin bis zum nächsten Mittagessen. An diesem Abend freundete ich mich mit einer Gruppe von sechs Studenten an, und wir verbrachten eine feucht-fröhliche Nacht (Bettruhe wie in den Jugendherbergen gab's damals nicht).

Tags drauf erschienen tatsächlich fast alle pünktlich zum Mittagessen – außer jenen sechs Studenten, mit denen ich am Vorabend ordentlich gefeiert hatte. Doch gegen zwei stürmten sie hungrig in den Essensraum und verlangten eine warme Mahlzeit. Als die Bedienung sie auf meine Anordnung vom Tag zuvor verwies, dass nämlich um halb zwei Schluss sei, begehrten sie auf, fingen an, zu diskutieren. Schließlich meinten sie noch, dass sie mit dem Reiseleiter besonders gut könnten, er würde bestimmt bei ihnen eine Ausnahme machen. Also suchte mich die Bedienung auf, sie wollte meine Entscheidung. Es war klar: Würde ich jetzt vor dem Personal einknicken, dann hatte ich meine Autorität verspielt. Würde ich wiederum den neuen Freunden helfen, wären sie sicherlich während der nächsten zwei Wochen besonders einfach zu pflegen, ich würde mit ihnen kaum Probleme bekommen. Ich entschied mich, hart zu bleiben – und erntete von den sechs »Kameraden« unverständliches Gezeter – und einige Tage »Wegsehen«. Food for thoughts.

Aber nicht nur die Ski-Truppe musste gecoacht werden, auch gelang es mir, den Wirt des Maierhofs zu »führen«. Er hatte wirtschaftliche Schwierigkeiten, das war nicht zu übersehen, aber mir war sofort klar, was geändert werden musste, um ihn aus seiner misslichen Lage herauszubringen. Unter anderen hatte er die Speisekarte abzuwandeln, die mit zwölf Gerichten für eine familiengeführte Küche viel zu lang war. Das konnte nur zu Verlusten führen. Ich schlug dem Wirt vor, nur fünf Gerichte anzubieten, und das auch nicht durchgängig, sondern allein von 19 bis 21 Uhr. Danach sollte es einzig Kaltes geben, Wurst- und Käsebrote. Neben der Küche gab es aber auch noch andere Problemfelder: Für die Liegestühle, die häufig von Gästen beschädigt wurden, sollte er unbedingt eine Leihgebühr verlangen – so würde man sie anständiger behandeln, und im Notfall konnte man neue erwerben. Nach acht Wochen schrieb der Maierhof wieder schwarze Zahlen.

Beratung – auch das war Führung.

1.3 Das deutsche Ideal – hinter dem Schalter sitzen

Nachdem ich meine Lehrlingsprüfung bestanden hatte, stellte mich Shell für 550 D-Mark im Monat als Verkaufssachbearbeiter ein, mein Gebiet war der Südschwarzwald. Zu meinen Aufgaben gehörte, immer mal wieder die Shell-Tankstellen abzufahren und die Pächter daran zu erinnern, dass sie nicht nur Benzin und Diesel verkaufen sollten, sondern etwa auch ein Frostschutzmittel. Eines Tages kam ich zu Domenicus Federer, Tankstellenpächter in Hinterzarten. Ihm war versprochen worden, dass ich Plakate für ein solches Frostschutzmittel mitbringen würde, doch ich konnte ihm keine überreichen, sie waren nicht rechtzeitig in meinem Büro eingetroffen. Als Ausrede fiel mir ein: »Tut mir leid, in der Hamburger Shell-Zentrale hat man es nicht geschafft, sie mir rechtzeitig zu liefern.« Doch nicht genug, ich murmelte auch noch etwas von Ineffizienz und Nachlässigkeit von Unternehmen im Allgemeinen und der Shell im Besonderen. Ich hatte noch gar nicht meinen Satz zu Ende gesprochen, da hatte mich Domenicus Federer gepackt und sagte: »Herr

Henzler, für mich sind Sie Herr Shell. Ich kenne von der ganzen Firma nur Sie, und wenn Sie mit den Herren in Hamburg Probleme haben, dann lösen Sie das bitte unter sich. Wenn Sie das nicht schaffen, sind Sie der falsche Mann!« Ich war damals 19, und ich musste zugeben, dass der Anpfiff gerechtfertigt war. Was ich bei anderen bemängelt hatte – ich hatte es selbst verbockt.

Meine Erkundigungen in Sachen Führung waren aber noch längst nicht abgeschlossen. In der Metzgerei in Nürtingen hingen Gesellen- und Meisterbriefe aus, in der Bäckerei Hagenloch ebenfalls. Im Dorf wusste man, wer wo lernte, wer Geselle war und wer Meister. Und es war selbstverständlich, dass die Meister auch fachlich mehr draufhatten als die Gesellen oder gar die Angelernten. Dass sich jemand »hochgearbeitet« hatte und dann irgendwann selbst ein Fachgeschäft übernahm, war an der Tagesordnung und entsprach dem Zeitgeist. Das fränkische Volkslied mit dem Text »... den soll man als Gsell erkennen oder gar einen Meister nennen, der noch nirgends ist gewest, nur gesessen in sei'm Nest« war sinnstiftend für viele, die »ausgelernt« hatten und die es dann hinauszog in die Welt. Sinnigerweise traf ich bei meinen späteren Stationen in Siegen, Saarbrücken und München immer wieder Schwabenzirkel, die es zu Hause nicht mehr ausgehalten hatten und »draußen« ihre Leistungen erbrachten. (Siehe auch Richard Wagners Oper *Die Meistersinger von Nürnberg* und dort die Strophe »Verachtet mir die Meister nicht« – sie ist geradezu eine Metapher für die jahrhundertealte Handwerkstradition in Deutschland.) Und so konnte man in Gasthöfen, die neu übernommen wurden, an der Fassade oder im Fenster das Schild lesen: »Hier kocht der Chef«. Das stand nicht nur für Qualität, sondern ebenso für die Garantie, dass der Chef für sein Serviceangebot geradestand.

Es gab natürlich auch die Schattenseite von Führung, sie blieb mir nicht verborgen. Die Person des Vorgesetzten hatte zweifellos zur kritikfreien Obrigkeit, zur Hörigkeit beigetragen, gerade in Deutschland. *Der Hauptmann von Köpenick*, das Theaterstück von Carl Zuckmayer, ist dafür ein gutes Beispiel, ebenso eine von Kurt Tucholsky wiedergegebene Wahrnehmung: »Vor einem Schalter stehen: das ist das deutsche Schicksal. Hinter dem Schalter sitzen: das ist das deutsche Ideal.«

Dazu eine persönliche Erfahrung, die zugleich meine Einstellung zu Chefs widerspiegelt. Es war 1988, und kurz zuvor hatte ich an einem McKinsey-Event, ausgerichtet von unserem texanischen Büro, in Mexiko teilgenommen. Gerade war ich mit der Fluggesellschaft Aeromexico in Miami gelandet und stand in einer Schlange mit ungefähr 200 Mexikanern vor den Schaltern der Einwanderungsbehörde. Mein Anschlussflug nach Frankfurt ging in einer Stunde, unter normalen Umständen war es ein Ding der Unmöglichkeit, diesen Flug zu bekommen. Also marschierte ich an die Spitze der Schlange und erzählte den recht kooperativen Mexikanern, dass ich dringend nach »Alemania« weiterfliegen müsse, dass es mir in Cancún gut gefallen habe etc., etc. Ein Mitarbeiter der Einwanderungsbehörde hatte mein unbotmäßiges Vordringen beobachtet, er verließ seinen Glaskasten, um mir barsch zu sagen: »You go back to the end of the line.« Zurück ans Ende der Schlange? Das wäre das Ende des Weiterflugs gewesen. Ich bestand darauf, seinen Vorgesetzten sprechen zu dürfen. Selbiger erschien, ziemlich missgelaunt, nach ein paar Minuten. Ich erzählte ihm meine Not und erläuterte, dass in Frankfurt ganz wichtige Leute auf mich warten würden, dass ich Versprechungen einzuhalten hätte. Er musterte mich eindringlich, schaute wiederholt in den Pass (bemerkte, dass ich praktisch jeden Monat nach New York einreiste) und winkte mich schließlich durch. Vielleicht hat dazu auch die

»Power Awareness«-Schulung bei McKinsey ein wenig beigetragen, dass ich davon überzeugt war, mit dem Chef reden zu wollen.

1.4 Fehlerfortpflanzungsgesetz

Durch mein Nachforschen und Beobachten hatte ich jedenfalls begriffen, dass praktizierte Autorität mit großem Fachwissen einhergeht und gute Führung auch mehr Erfolg (Umsatz, Cashflow, Mitarbeiterzufriedenheit) bedeutet. Umgekehrt galt das genauso. Und dass es sich von oben nach unten fortsetzte. Bei einem schwachen Leiter einer Abteilung schien es, als hätte man es mit einem »Fehlerfortpflanzungsgesetz« zu tun, sodass die für ihn arbeitenden Führungskräfte auch schwach waren.

Führung musste aber auch gelernt sein: Die Gründung der Konrad-Adenauer-Stiftung 1955 wurde von Bruno Heck initiiert, später war er der erste Generalsekretär der CDU. Zehn Jahre später wollte man den politischen Führungsnachwuchs identifizieren und in jährlichen Seminaren schulen. Ich bestand das Auswahlseminar im Schwarzwald und gehörte so zur ersten Gruppe der 30 Adenauer-Stipendiaten.

Es waren eindrucksvolle Seminare in Wesseling, nahe Bonn, und Berlin-West, mit teilweise herausragenden Referenten, aber auch Kolleginnen und Kollegen, die nicht nur hervorragende Noten hatten, sondern die wunderbar formulieren konnten. Viele davon wollten tatsächlich in die Politik – und so hatte ich in Wesseling als Zimmergenossen Uwe Barschel (er hatte das politische Amt klar im Blick und wurde dann Ministerpräsident von Schleswig-Holstein).

Betrachte ich heute mit großer Distanz diese prägenden Jahre als Schüler, Lehrling und junger Sachbearbeiter, so fallen mir etwa 20 Prozent herausragende Persönlichkeiten ein und mindestens 20 Prozent »Flaschen«, und dann eben die 60 Prozent Durchschnitt. Letztere machten einen ordentlichen Job, vermieden es, Schwächen zu zeigen, wurden so zu Trägern von Verantwortung. Selten aber entwickelten sie andere persönlich weiter.

Gerade hatte die Ära von John F. Kennedy begonnen, und in seiner Amtsantrittsrede im Januar 1961, kurz vor ihrem Ende, sagte der 35. US-amerikanische Präsident: »Fragt nicht, was Amerika für euch tun wird, sondern fragt, was wir gemeinsam tun können für die Freiheit des Menschen.« Diese Aussage ließ mich nicht mehr los. Ich begann mich als junger Mensch zu fragen: Hätte ich etwas besser machen können? Hast du bislang dein Bestes gegeben? Wie kann ich das Gelernte nutzen, damit es für die Menschen Sinn macht? Bei diesem Reflektieren fiel mir auch ein, was meine evangelisch geprägte Mutter mir einmal gesagt hatte: »Hast du die Gaben, die der Schöpfer dir mitgeben hat, gut eingesetzt?«

All dieses Fragen, das wusste ich, waren eine Voraussetzung, um mehr über Führung herauszufinden. Um mich selbst besser führen zu können. Und um geführt zu werden.

2

Vom Elend und Gewinn der Führung

Karl Raimund Popper konstatierte in den 40er-Jahren das »Elend des Historizismus«. Historizismus war für den österreichisch-britischen Philosophen die Methode, mit der bislang jeder Denker seine Idee einer geschlossenen Gesellschaft begründet hat. Dahinter steht die Vorstellung, dass der Lauf der Geschichte von einem Gesetz bestimmt wird, mit dem sich, hat man es einmal erkannt, die Geschichte der menschlichen Gesellschaft sicher für die Zukunft voraussagen lässt. Der Mensch wird gewissermaßen befreit von den Unwägbarkeiten der Geschichte. Zugleich verstärkte der Historizismus den Fortschrittsglauben, ging man doch davon aus, dass es auch ein Fortschrittsgesetz geben würde. Für Popper, der einen kritischen Rationalismus vertrat, war so viel Geschlossenheit gleichbedeutend mit Stillstand.

Heute könnte man vom »Elend der Führung« sprechen. Bei den Leader-Lehren haben wir es mit einer relativ jungen Disziplin zu tun, denn erst seit der Industrialisierung ist die Beschäftigung mit der Führung von Menschen auf der unternehmerischen, wissenschaftlichen Agenda. Die Industrialisierung löste die eher kleinen Manufakturbetriebe ab und schuf so enorme Entwicklungen des Wirtschaftslebens.

Teilweise schienen die Wachstumsfantasien der immer größer werdenden Unternehmen die optimale Größe immer weiter hinauszuschieben. Doch es zeigte sich, dass aufgrund ungenügender Kenntnisse der Märkte sowie mangelhafter Organisation es zur Verschwendung von Produktionsfaktoren kam. Überdimensionierte Kapazitäten, technische Neuerungen (wie im Fall der sächsischen Weber) und unklare Buchhaltungen ließen Rufe nach einer betriebswirtschaftlichen Fundierung und entsprechender Ausbildung lauter werden. Sie mündeten 1898 in der Gründung von Handelshochschulen in Leipzig, Aachen und Wien – und schließlich auch im Aufbau einer neuen Betriebswirtschaftslehre.

Von den Wissenschaftlern dieser Zeit ist besonders Eugen Schmalenbach hervorzuheben. Er gilt als der Begründer der Betriebswirtschaft im engeren Sinne – er argumentierte vehement für eine »Kunstlehre« und damit für eine eindeutige Anwendungsorientierung des Fachs. In dieser frühen Zeit der Betriebswirtschaftslehre standen insbesondere Fragen nach der adäquaten Ausgestaltung des Rechnungswesens im Mittelpunkt.

Eine Vielzahl von Führungsmodellen wurde teils in Abhängigkeit von den Umwelteinflüssen entwickelt und situativ gelehrt. An den amerikanischen Business Schools wurden mit der Case-Methodik insbesondere strategische Fragestellungen unterrichtet und in Teams gelöst – Fragen nach Führungsmodellen wurden meist nicht gestellt. Eine 2014 von der britischen Industriepsychologin Jessica Dinh und anderen Forschern vorgenommene Analyse von insgesamt 66 Leadership-Theorien hinsichtlich ihrer Auswirkungen auf Führungspersönlichkeiten, Followers und organisatorische Phänomene zeigte, dass einerseits Leader das Schicksal einer Organisation durch ihre Strategien, Entscheidungen und ihren Einfluss auf andere bestimmen, anderseits wiesen die Wissenschaftler nach, dass die Konzepte, gleich welche man anwendet, ob nun Neocharismatic Leadership, Information Processing, Leader-Member-Exchange-Theorie, Behavioral Approaches (verhaltensbasierte Lösungen), Kontingenztheorie oder Weg-Ziel-Theorie, keinen wesentlichen Unterschied machen, dass es keine allgemeinverbindlich superiore Führungsmodelle gibt.

Es existiert keine Leadership-Theorie, die Allgemeingültigkeit hat.

In den deutschen Nachkriegsjahren wurden häufig ehemalige Generalstäbler oder Wehrmachtsoffiziere an die Spitze von Unternehmen berufen - und so waren viele meiner Klienten bei McKinsey vorher durch die Schule der Wehrmacht gegangen. Folglich hatten die unternehmerischen Ziele einen deutlichen Bezug zur Militärgeschichte: Da sollte neues Terrain erobert, dort logistische Unterstützung bereitgestellt werden, hier sollte der Wettbewerber entscheidend geschlagen werden, auf dass der Sieg sicher sei.

Bis in die 70er-Jahre herrschte das »Primat der Produktion«, was produziert wurde, konnte auch abgesetzt werden. Die *funktionale* Organisationsform dominierte. Die Produktionsmannschaft hatte das Sagen. Als die Unternehmen größer und differenzierter wurden, waren *divisionale* Modelle gefragt. Ein großes Chemieunternehmen wurde in sechs Produktgruppen gegliedert, und mein Unternehmen spielte dabei eine wesentliche Rolle. Die Divisions waren weitestgehend eigenständige unternehmensübergreifende Bereiche (gemeinsame Funktion für Finanzen, Human Resources, Management, Einkauf), wurden in einer *Matrix-Organisationsform* wiedergegeben. Ein dominantes Leadership-Modell bildete sich in keinem der drei organisatorischen Grundtypen heraus.

Führung kann so oder so aussehen.

Graybar war in den 80er-Jahren ein Unternehmen, ein Großhandelsvertriebsgeschäft für elektrische, Kommunikations- und Datennetzwerkprodukte in den USA. Kolportiert wird hier die Geschichte – auch wenn sie heute schwer nachvollziehbar ist –, dass man über einen Zeitraum von fünf Jahren die besten zehn Branch Manager in die Abteilungen schickte, die am schlechtesten liefen, und die dortigen Manager in die, die zu den besten zählten. Was passierte dann? In weiteren vier Jahren fielen – welch Überraschung – im Durchschnitt die einst besten Abteilungen deutlich ab und die schlechtesten holten beträchtlich auf. Also war der Haupterfolgsfaktor Führung. Heute würde man einen solchen Versuch wohl schwerlich durchführen, sondern einfach die schlecht performenden Manager entlassen und durch bessere extern ersetzen.

Führung ist der Haupterfolgsfaktor!

Eine Aussage, die Hermann Josef Abs zugeschrieben wird, habe ich nie vergessen: »Was ist der Unterschied zwischen einer Hundehütte und einem Aufsichtsrat? Die Hundehütte ist für den Hund, der Aufsichtsrat ist für die Katz.« Für Unternehmenskontrolleure klang das nicht sehr schmeichelhaft. Aber er musste es wohl wissen, denn mit zeitweise 30 Aufsichtsratsmandaten – davon 20 als Vorsitzender – war Abs in den Aufbau- und Wirtschaftswunderjahren der wohl einflussreichste Banker und mächtigste Strippenzieher der jungen Bundesrepublik. Abs hat so die industrielle Landschaft der Bundesrepublik geprägt und eng abgestimmt mit der Politik den sogenannten »rheinischen Kapitalismus« begründet. Mochte der »Für-die-Katz-Satz« für ihn als Mehrfach-Aufsichtsrat vielleicht weniger zutreffen, so drückte dieser Satz doch eine Kritik aus, die bis heute eine gewisse Gültigkeit hat: Es sind immer die anderen, die die Schuld trifft. Bei gut laufenden Geschäften nicken die Aufsichtsräte gern ab, was der Vorstand beschließt. Gerät ein Unternehmen aber in eine Schieflage, weil das Management sich verkalkuliert oder zu hoch gepokert hat, sind Aufsichtsräte in der Regel so überrascht wie die Belegschaft. Es wird sich dann damit herausgewunden, man hätte nicht ausreichendes Wissen gehabt, es war nicht anders möglich, als sich auf den Sachverstand des Vorstands zu verlassen. Gegenüber der Öffentlichkeit wird dann kommuniziert, man sei in tiefer Sorge.

Aber warum ist das so? Wie in jedem Drama muss es Gründe geben, die Konflikte dieser Art heraufbeschwören. Es kann tatsächlich so sein, dass den Aufsehern der Durchblick fehlt, sie haben ein elitäres und falsch verstandenes Standing, weil sie der Ansicht sind, nur so lasse sich Zusammenhalt herstellen und demonstrieren. Oder sie halten sich zurück, weil sie zwischen verschiedenen Interessen stehen. So kann es nämlich sein, dass das eigene Unternehmen Geschäfte mit dem zu kontrollierenden Vorstand macht. Was sicher auch manchmal nicht vorhanden ist, das ist der nötige Abstand zu dem, was auf der Bühne passiert.

Ein neuer Spielort – die Credit Suisse: Wir hatten 2001 die Überzeugung gewonnen, dass die Bank einen großen Sprung brauchte und in Deutschland die Dresdner Bank übernehmen sollte. Die Due Diligence war anberaumt, die sorgfältige Prüfung und Analyse der Dresdner Bank; es schien eine sinnvolle Fusion zu werden. Bis John Mack, der neue CEO des Investment Banking, sich querlegte. »Und wer wird die Dresdner managen?«, fragte er beharrlich. Und als darauf keine befriedigende Antwort gefunden wurde, stampfte man die geplante Fusion aus diesem Grund wieder ein. Ohne geeignetes Topmanagement wollte Lukas Mühlemann, damaliger CEO und Chairman, die Übernahme nicht angehen.

Acht Jahre später: Oswald Grübel war 2009 der starke Mann in der Credit Suisse, CEO der Investment Bank und der Privatbank. Ein zweitägiger Management-Workshop in der Nähe von Oxford hatte als Ergebnis produziert: Wenn wir bei einem Fixed Income eine Milliarde mehr Kapital bekommen, wachsen wir um 20 Prozent. Und wenn wir bei Private Placements, bei privaten Emissionen, zwei Milliarden Kapital mehr bekommen, machen wir einige ganz große Deals.« Und so ging es fort, man brauchte mehr Kapital für Firmenaufkäufe, für Initital Public Offerings (IPO; Börsenersteinführungen), für Erweiterungen in Asien. Grübels Reaktion darauf: »Mehr Kapital – jeder will mehr Kapital. Doch das ist das Letzte, was ich favorisiere. Jedes Mal, wenn Sie mehr Geld haben, werden Sie es wegpissen. Und das wird jetzt auch nicht anders sein.« Der Chef traute aufgrund seiner Erfahrung den Teammitgliedern nicht. In einer beklagenswert nüchternen Stimmung endete der Workshop.

Das Duo Dietmar Hopp und Hasso Plattner gestaltete den Softwarekonzern SAP. Durch verschiedene Kontakte erhielt McKinsey den Auftrag für ein Projekt – wir sollten prüfen, wie das Unternehmen sich aufstellen musste, um mit der Finanzdienstleistungsbranche ins Geschäft zu kommen. Nach einiger Zeit präsentierten wir unsere Ergebnisse, und ich durfte erleben, wie diese Sitzungen mit Hasso Plattner zu Wortgefechten über technische Machbarkeiten mit meinem Kollegen Detlev Hoch eskalierten. Plattner wusste alles besser. O-Ton: »Sie können mit keinem Programm die 300 000 Positionen am Freitagnachmittag zumachen.« Und am Ende musste mich Dietmar Hopp besänftigen, meinte, das sei keine persönliche Herabsetzung. Wir vereinbarten einen Testlauf bei einer großen Raiffeisenbank und schufen damit den Grundstein für ein Geschäft mit den Finanzdienstleistern. Hopp und Plattner arbeiteten kongenial zusammen, während der eine die Zahlen im Auge behielt, kümmerte sich der andere um die technischen Fragen und ihren Lösungen. Auch eine Möglichkeit, ein gutes Spiel voranzutreiben. Mit Happyend-Faktor.

Unternehmen werden immer mehr auf die Persönlichkeit eines CEO reduziert.

Was heute zu beobachten ist, aber schon früher eine große Rolle spielte: Immer mehr werden Unternehmen personalisiert, geradezu auf die Persönlichkeit des CEO reduziert. Die Medien fördern diese Entwicklung, sodass, wie ein CEO-Freund von mir erst kürzlich sagte, »ein CEO nur noch der Chief Entertainment Officer ist, allgegenwärtig ästhetisiert«. Und wenn das der Fall ist, dann ist Vorsicht angesagt.

3

Mr. und Mrs. Quality – das Führungspersonal

Der alte Spruch heißt, A-Klasse-Leute holen und entwickeln A-Klasse-Mitarbeiter, und B-Klasse-Leute scharen C-Klasse-Mitarbeiter um sich. In Großunternehmen besteht der obere Führungskreis (OFK) oft aus 1000 Mitarbeitern, und angesichts des Multiplikatoreffekts sind sie für das Wohlergehen des ganzen Unternehmens wichtig.

Bei Daimler zum Beispiel, um es sich mal konkreter vorzustellen, besteht ein oberer Führungskreis üblicherweise aus acht Vorständen, bei der direkt darunterliegenden Führungsebene finden sich etwa 100 Personen, bei der dritten Führungsebene sind es etwa 600, bei der vierten Ebene etwa 2900, bei der nächsten Ebene sind es dann 13 000 Personen. Darunter gibt es noch eine weitere Ebene (Meisterebene) mit ca. 3000 Personen bei insgesamt etwa 300.000 Beschäftigten im In- und Ausland. In einem Unternehmen dieser Größenordnung scheint dieses Verhältnis durchaus sinnvoll.

Führungsspannen von eins zu sieben im Topmanagement und eins zu zehn bis 20 auf den lower Managementebenen haben sich als effektiv erwiesen, zumal die unteren Führungsebenen Off-productions- beziehungsweise Montageeinheiten zu führen haben. In der Frage der Führungsebenen geht die Tendenz weg von der Tiefengliederung (Tom Peters: »anything over four layers is insane«).

Sehr gute Führungspersonen fördern sehr gute Mitarbeiter. Weniger gute Führungspersonen hingegen suchen auch weniger gute Mitarbeiter.

Betrachte ich meine Erfahrungen mit Klienten, so habe ich im Verlauf der letzten 50 Jahre stark variierende Führungspersönlichkeiten im Zeitverlauf getroffen. Die Siemens AG der Ära Bernhard Plettner (Vorstandsvorsitzender 1971–1981) wurde von einem außergewöhnlich beschlagenen Starkstromtechniker geprägt, die Nachfolge durch Karlheinz Kaske (Vorstandsvorsitzender 1981–1992) stand eher im Team-Approach des Vorstandsvorsitzenden mit dem präsenten Aufsichtsratsvorsitzenden. Und die Führung durch Heinrich von Pierer (Vorstandsvorsitzender 1992–2005), einem ehemaligen Kraftwerksmanager, entwickelte sogar einen »Mr. Siemens« an der Spitze.

In meiner Praxis habe ich auch erlebt, dass bei Unternehmen, bei denen die Unternehmenskultur durch den Vorsitzenden des Vorstands geprägt wurde, diese noch lange nach seinem Ausscheiden erhalten blieb. Ein klassischer Fall war Bertelsmann. Mark Wössner hatte Bertelsmann zum größten Medienunternehmen der Welt gemacht. Weit vor den Konkurrenten hatte man sich vom traditionellen Buchklubgeschäft zum Komplettanbieter in der Medienwelt entwickelt und die Pflöcke für die spätere Digitalisierung eingerammt. Die Profitcenterchefs waren »kleine Wössners«, im Auftreten und in der Managementpraxis. Menschen wie Wössner prägten nicht nur den Geist des Hauses, sondern auch die Führungskräfte.

> Führungskräfte prägen im erheblichen Maße die Kultur eines Unternehmens. ■

Dieter von Sanden, einst im Vorstand von Siemens, erkannte, dass die analoge Vermittlungstechnik durch eine digitale Technik abgelöst wird – und er »predigte« dies bei jedem internen Anlass. Hielt jemand dagegen und meinte, das gehe nicht, das sei undenkbar, konterte er: »Wer sagt denn, dass das nicht geht? Das ist nur ein reiner Standardspruch. Die besten Nachrichtentechniker der Welt sitzen bei der Siemens AG.« Das war eine Ansage, der sich die Besten verpflichtet fühlten.

Seine Besuche im Münchner Entwicklungszentrum in der Boschetsrieder Straße, in der über 2000 Entwickler arbeiteten, hatten ein aufrüttelndes Wirken. Immer wieder sagte er: »Euch – und uns – wird es eines Tages nicht mehr geben, wenn es uns nicht gelingt, die digitale Technik zu verstehen und selbst anzubieten.« Immer wieder machte er auch seinen Führungskräften klar, sollte die Siemens AG den Sprung zur digitalen Vermittlungstechnik nicht schaffen, würde es keine Zukunft für die »Hofmannstraße« (Standort in München) geben. Er übernahm Verantwortung, obwohl das analoge System noch recht komfortable Gewinne einfuhr und man bei der Deutschen Post auf lange Sicht noch »Hoflieferant« bleiben konnte.

> Eine einmal etablierte Unternehmenskultur lässt sich nur schwer ändern. ■

1984 war dann nach einer beispiellosen Aufholjagd der erste Cutover geschafft, der erste Schritt vom alten zum neuen System. Während der spannenden Entwicklungsphase konnte ich mitverfolgen, wie von Sanden die 7000 Mitarbeiter auf das neue Ziel einschwor – und wie er wöchentlich den Projektfortschritt höchstpersönlich verfolgte. An diesem Projekt mitgearbeitet zu haben, ist auch aus heutiger Sicht noch eine meiner bedeutendsten Aufgaben gewesen.

Äußerlich sah Dieter von Sanden aus wie der frühere SPD-Parteivorsitzende Kurt Schumacher. Er war ein souveräner Vorstand und wurde so etwas wie mein väterlicher Freund – unsere Gespräche bei Spaziergängen am Ufer der Isar in Pullach sind mir sehr präsent. (»Fragen Sie die junge Praktikantin und schauen Sie sich den Umfang des internen Telefonbuchs an, dann wissen Sie Bescheid.«) Noch heute erscheint es mir als unvorstellbar und rätselhaft, wie Nachfolgegenerationen die großartige Nachrichtentechnik bei Siemens durch technische Fehleinschätzungen kaputt machten. Da meinte man, Mobiltelefone seien etwas fürs flache Land, in den Städten würden die Signale zerstört werden. Man war überzeugt davon, Voice und Data Networks würden nicht zusammengehen. Bildtelefonie, so glaubte man, funktioniere nicht, die technischen Voraussetzungen würden fehlen, die Sprachverschlüsselung würde nie klappen, auf lange Sicht würde es noch Telex-Verbindungen geben. In der Quintessenz war alles falsch.

Aber ich lernte noch weitere Führungspersönlichkeiten kennen:

Alfred Herrhausen, der damalige Chef der Deutschen Bank, war in allen Belangen ein »Herr«. Sehr belesen und umfassend gebildet, war ihm die Rolle des Chefbankers nicht genug. Er agierte als Chefökonom an der Seite des damaligen Bundeskanzlers Helmut Kohl, und er wirkte industriepolitisch als fordernder Aufsichtsratschef bei Daimler und der Continental AG. Die Meetings mit ihm hatten fast so etwas wie den Charakter einer mündlichen Prüfung. Flache Aussagen waren ihm zuwider, Kenntnisse über die Unternehmen hochwillkommen, und die Neuausrichtung der Organisation der Deutschen Bank (damals noch die Nummer eins in Europa) betrieb er mit großer Verve – oft gegen massive Kritiker in seinem Vorstand.

Herausragende Führungskräfte der Vergangenheit verloren nie den Bezug zur Basis.

Herrhausen prägte die Deutsche Bank, entwickelte ihren Komment. Nachfolgegenerationen konnten das mühsam aufgebaute Haus nicht annähernd so gut führen wie er. Die Stringenz im Denken bestach, das unkonventionelle Herangehen an unlösbare Probleme wie den Schuldenerlass für die Entwicklungsländer, auch die internationale Ausrichtung und die Nähe zur Politik. Er war in meinen Augen der Beste seiner Zunft. Kanzler Kohl sprach sinngemäß von den mörderischen Gegnern unserer Gesellschaft, die durch einen feigen Mord die Gesellschaft verändern wollten, dabei stünden doch Tausende in verantwortungsvollen Positionen, die den Verlust eines Einzelnen wettmachten. Ich konnte mit dieser Relativierung der herausragenden Leistung von Alfred Herrhausen wenig anfangen.

Bei Werner Niefer, Mercedes-Chef von 1989 bis 1993, stach der Hands-on-Manager hervor – er kannte die Basis und die Basis kannte ihn. Er stammte aus einfachen Verhältnissen und war als Ingenieur aus Esslingen zu Daimler gekommen, wo er bis zum Produktionschef aufstieg. Seine Nähe zu den »Werkern« war sprichwörtlich. Als ein Mitarbeiter einmal beim Kolbenschleifen war und sich damit schwertat, zeigte ihm Niefer, wie man einen Kolben schliff (er selbst tat dies in seinem dunklen Anzug). Seine direkte, hemdärmelige Art trug ihm inner- und außerhalb des Unternehmens viel Respekt ein – und es spricht für ihn, dass heute noch Niefer-Storys kolportiert werden.

Niefer konnte man nichts vormachen, er wusste es besser. Und wenn er einmal eine Modellreihe gegen seine Überzeugung zur Automobilausstellung fertig machen musste (1986 die E-Klasse), dann war er klug genug, beim späteren Schaden nicht in Häme auszubrechen.

Jürgen Knorr, ehemaliger Chef des Siemens-Gerätewerks in Regensburg (bis 1981) und späterer Infineon-Boss, beeindruckte mich durch sein Charisma und sein tiefes Detailwissen über erste Installationsgeräte und Halbleiter. (»An unserem Fehlerstromschutzschalter kann ein verantwortlicher Bauherr nicht vorbeigehen.«) Hoffnungsvolle junge Mitarbeiter zog er sowohl in Regensburg als auch in Erlangen und später in München geradezu in seinen Bann.

Karl Diehl war bei Boehringer Ingelheim zwar kein Vorstand, dafür aber als Chefcontroller ein Mann der Zahlen. Er wusste, wie er dieses Wissen zur Steuerung der internationalen Tochtergesellschaften einsetzen konnte. (»Wenn Sie den Verkäufern die Grenzkosten wissen lassen, dann verkaufen diese bei Marktwiderständen zu Grenzkosten, und Sie verlieren viel Geld.«) Grenzkosten sind die Kosten der jeweils letzten produzierten Einheit, sie liegen beträchtlich unterhalb der durchschnittlichen Kosten.

Edzard Reuter, Daimler-Chef von 1987 bis 1995, wurde ein fordernder Klient, der immer auch zeigte, dass der Unterschied zwischen Bottom-Line und Top-Line nicht zu groß werden durfte – und der wichtige Gedanken zum Funktionieren der sozialen Marktwirtschaft zu Papier brachte.

Schlechte Führungskräfte können auch Positives bewirken – weil sie der Belegschaft zeigen, wie man es nicht machen soll. ■

Bei McKinsey bestimmten die Projektleiter praktisch die Arbeit im Team: Wer kümmerte sich um welches Gebiet? Wer interviewte wen? Wie wurde im Team zusammengearbeitet? Sie verteilten die Arbeit, legten die Zusammenkünfte fest und machten Fortschrittstermine mit dem Management des Klienten aus. Man nannte sie auch »Mr. Quality« oder »Mrs. Quality«, sie lernten in drei bis vier Jahren das Führen von Teams von je drei, vier Associates und Kliententeams vom doppelten Umfang.

Bei mir war es so, dass bei meinem allerersten Projekt Paul Henderson viel aus mir herausholte, weil er mir insbesondere bei der Kommunikation half – die Teams definierten sich damals über knackige Schaubilder! Danach erlebte ich einen eklatant führungsschwachen Projektleiter, für den zu arbeiten keine Freude machte, sodass mein Schweizer Kollege Hans Widmer und ich beschlossen, uns selbst zu führen. Anschließend war ich einem »Korinthenkacker« ausgesetzt, dem es mehr auf die Form als auf den Inhalt ankam. Er nervte nur und trug wenig zur persönlichen Entwicklung bei. Mein Kollege Hans Haberbeck und ich fingen dann auch an, gezielt die Team-Meetings zu stören. Es gab weiterhin funktionale/industrielle Entwicklungsprojekte, die außer Papier wenig zuwege brachten, weil der Projektleiter der Mitarbeiterführung ebenfalls nicht mächtig war. Er war nicht in der Lage, junge Kollegen anzuleiten, ihnen Türen aufzumachen, er konnte nichts ermöglichen, war nur ein Hemmnis. Gelegentlich kommt mir noch eine weitere Aussage von Hans Widmer in den Sinn:

> »Von einem schwachen Projektleiter lernt man schließlich mehr, weil man täglich sieht, wie man die Dinge nicht machen soll.«
> ■

Gut erinnere ich mich an den Renaissance-Menschen Max Geldens aus Amsterdam, ein wirkliches Original und mit

Kenntnissen auf vielen unterschiedlichen Gebieten. Er war so etwas wie ein omnipotenter Consigliere in Holland, gut vernetzt und höchst kultiviert. Er erinnerte mich an einen Jürgen Klopp im Beratergewand; von ihm nach Projektarbeit gelobt zu werden, war eine Art Adelung. Heute noch erinnere ich mich mit Freude an seinen zweiseitigen Brief zu meiner Partnerwahl. Dann mein langjähriger Chef John McDonald, ein Mr. Quality. Er akzeptierte nur Toparbeit, und da konnte es sein, dass man nachts um zwei noch Fehler in den Charts korrigieren musste, wenn am nächsten Tag eine Präsentation anstand. Mich beeindruckten auch souveräne Leadership-Figuren wie Mac Stewart (in New York fraßen die Klienten ihm aus der Hand) oder mein langjähriger Mentor Ron Daniel (auf dessen Rat hin habe ich die Firma nicht verlassen). McKinsey hatte wirklich großartige Leute in vielen Büros. Solche Koryphäen konnten einem durch ihren Einsatz, und wenn er nur tageweise war, enorm helfen. So unterstützten sie uns, knifflige Engpässe zu überwinden, ließen uns an der langen Leine laufen.

Als ich selbst nach gut zwei Jahren ein Team führen durfte, versuchte ich die Unsicherheit der jungen Associates zu antizipieren und ihnen viel Raum in der persönlichen Entwicklung zu geben – aber auch früh zu spüren, wenn wir einen »hoffnungslosen« Kollegen hatten, der es nicht schaffte. Ehrlich die Probleme anzusprechen und Konsequenzen zu ziehen, war schwer, aber letztendlich half es allen Beteiligten. Als hoffnungslos bezeichneten wir jene Kollegen, die es nicht schafften, diffizile Problemstellungen unter Zeitdruck zu erledigen (der Klient wollte eine Antwort, und wir kosteten Geld), wenn Fortschrittsberichte oder Präsentationen ausblieben (alle vier bis sechs Wochen), wenn es keine belastbaren Daten gab und die Analysen unsauber gemacht wurden, sodass der Teamfortschritt gehemmt wurde. Der Projektleiter musste den »Fall« dann mit dem Partner besprechen.

4

Faktor Mensch

Die Trennung von Management und Eigentum, wie es heute in nahezu allen Großunternehmen und in vielen mittleren Unternehmen anzutreffen ist, brachte mit der Industrialisierung einen neuen sozialen Stand hervor, den der Manager. In deutschen Unternehmen ist auf der obersten Managementebene schon Mitte des 19. Jahrhunderts eine Zweiteilung anzutreffen, in die einer technischen und einer kaufmännischen Direktion. Bei der daraus folgenden Strategie der Koordination, teils familienbezogen, teils bürokratisch, vertraut die bürokratische Form eher auf systematisches, professionelles Management denn auf loyale Familienangehörige.

Doch wie entwickelte man Führungskräfte? Wie bildete man gute Manager aus? Durch die Trennung von Management und Eigentum wurde diese Frage immer dringlicher.

Während es schon seit Generationen Fachhochschulen für Bau-, Bergbau- und Ingenieurwesen gab, nahmen Höhere Wirtschaftsfachschulen (HWF) aber erst Anfang der 60er-Jahre ihren Betrieb auf. Als in Nordrhein-Westfalen 1962 die drei HWFs in Siegen, Mönchengladbach und Bielefeld gegründet wurden, zog es mich von Freiburg nach Siegen als Erstsemester. In fünf Semestern sollten wir zu graduierten Betriebswirten ausgebildet werden. Die Allgemeine Betriebs- und die Volkswirtschaftslehre wurden als das Zentrum des

Studiums betrachtet, daneben hatten wir Fächer wie Kulturgeschichte, Germanistik und zwei Fremdsprachen zu belegen.

Weil diese Schulen auf mittelständische Unternehmen und das mittlere Management ausgerichtet waren, wurde uns die Grenzkostenlehre vermittelt. Und weil die Grenzkosten letztlich den Preis bestimmten, wurde auch die optimale Betriebsgröße definiert. So hatte man den cournotschen Punkt ermittelt, den gewinnmaximierenden Punkt auf der Preis-Absatz-Funktionsgeraden, dort, wo der Grenzertrag gleich den Grenzkosten ist.

Wir behandelten Fälle, um genau jene optimale Betriebsgröße zu errechnen, und gingen implizit davon aus, dass der Homo oeconomicus ein rationaler Mensch sei und die Faktorenkombination zum größtmöglichen Gewinn des Unternehmens führen würde.

Außer einigen Kommentaren über die Eignung einer Führungskraft lernten wir wenig über Führung. Vielleicht, weil es in wissenschaftlicher Form eben wenig über Führung zu sagen gab. ■

Anschließend wurde es auch nicht besser. Ich studierte weiter, BWL in Saarbrücken und München, und dieses Studium war eine Fortsetzung der Erkenntnisse, die ich an der Höheren Wirtschaftsfachschule gemacht hatte. Wir Betriebswissenschaftler nahmen die Ökonomen Erich Gutenberg und Edmund Heinen für bare Münze. Gutenberg stand in der Nachkriegszeit an herausragender Stelle. Er wollte das Erkenntnisobjekt Unternehmen im Gesamtzusammenhang analysieren und darstellen. Mittelpunkt seines Werks *Die Produktion* bildete die Produktionsfunktion – in den Grundtypen ertragsgesetzlicher und linearer Verläufe. Sein Ansatz war »mathematisch deduktiv« und inhaltlich geschlossen.

Er ging in seinem Instrumentarium vom Menschenbild des Homo oeconomicus aus – und nahm dafür eine gewisse Praxisferne in Kauf.

4.1 Der Mensch, ein Betriebsmittel

Ich lernte aus den Büchern von Gutenberg, und zum Lerninhalt gehörte auch der Grundbegriff »dispositiver Faktor«. Nach der Definition von Gutenberg bezieht er sich auf die menschliche Arbeitsleistung und soll in Kombination mit anderen Faktoren eines Unternehmens gesehen werden, mit der Organisation, den Planungen, den Maschinen und Werkstoffen, um dadurch das Unternehmensziel in optimaler Form zu realisieren. Das heißt, den dispositiven Faktor sah er in scharfer Abgrenzung zur ausführenden Tätigkeit innerhalb des Faktors »Arbeit«. Früher blieb diese Arbeit ausschließlich dem Unternehmer vorbehalten, wie es auch heute noch für viele Start-ups und kleinere Firmen gilt.

Edmund Heinen öffnete die BWL in Richtung Sozialwissenschaften durch seinen Ansatz der entscheidungsorientierten Betriebswirtschaftslehre. Seine Denkweise war ebenfalls mathematisch-deduktiv, wurde aber durch die Produktionsfunktion vom Typ C ergänzt und in die Industriebetriebslehre integriert. Den Produktionstyp B hatte man Gutenberg zugeschrieben, und bei Heinens Typ C wurde erstmals zwischen technischen und ökonomischen Verbrauchsfunktionen unterschieden. Zudem – immerhin – wurde die Entscheidungstheorie über menschliche Wahlakte ergänzt. Aber auch irgendwie nur ergänzt. Etwas ganz anderes stand im Vordergrund: Wir gingen von optimalen Lösungen aus, bei denen der vollkommene Wettbewerb und die vollständigen Informationen dafür die richtigen Voraussetzungen waren.

Ab 1970 kam es zu einer zunehmenden Ausdifferenzierung vieler spezieller Betriebswirtschaftslehren, die häufig den Kern der BWL als diffus erscheinen lassen. Heute erleben wir die Notwendigkeit einer ganzheitlichen Betrachtung von Unternehmen und Digitalisierung.

Digitalisierung betrifft nicht nur das Rechnungswesen oder das Marketing, sondern das ganze Unternehmen und bedarf somit einer ganzheitlichen Behandlung. ■

Während in der Betriebswirtschaftslehre also vom dispositiven Faktor ausgegangen wurde, ohne diesen wirklich näher zu beschreiben, hatten Business Schools angloamerikanischer Prägung schon seit Jahrzehnten »Leadership Studies« angeboten. Der Mensch war in der Betriebswirtschaftslehre der 60er-Jahre ein Faktor wie eben die Betriebsmittel. Das hieß aber noch längst nicht, dass die menschliche Komponente von Führung explizit in Betracht gezogen wurde. Dabei hätte es Sinn gemacht, denn 1966 erlebte Deutschland den ersten konjunkturellen Abschwung der Nachkriegszeit. Unternehmen wie Krupp kamen in eine Schieflage, der Autohersteller Borgward, in den 50er-Jahren noch Bremens größter Arbeitgeber, machte Pleite. Das wurde wahrgenommen, bedauert, aber dass diese schwierigen Entwicklungen vielleicht auch etwas mit einem Führungsmangel zu tun gehabt hatten, das wurde nicht weiter bedacht. Ludwig Erhard (ehemaliger Wirtschaftsminister und damals Bundeskanzler) bedauerte die knappen Insolvenz- und Vergleichsnotizen in den Tageszeitungen. Gleichzeitig war es für ihn der Beweis, dass die Marktwirtschaft funktionierte.

Führung an sich wurde nicht infrage gestellt. So lernten wir im Studium in der Spezialdisziplin »Personalwesen« nichts weiter als praktisches Personalwesen.

Die Verknüpfung des menschlichen Führungselements mit den Produktionsfaktoren fehlte weitestgehend. ■

4.2 Laissez-faire in Uruguay und den USA

Während meines Studiums absolvierte ich Praktika in Uruguay und in den USA. Über die Konrad-Adenauer-Stiftung in Bonn fand ich Kontakt zu einem Familienbetrieb in Montevideo, unbedingt hatte ich nach Südamerika gewollt, hatte zuvor Spanisch an der Uni gelernt. Das Geld für die Überfahrt verdiente ich mir in der Firma von Alfred Gnida in Nürtingen in den Semesterferien. Auch Gnida war ein hervorragender Unternehmer. Aber warum? Er wusste nicht nur über seine Profilierungsmaschinen bestens Bescheid, er kannte jeden Mitarbeiter persönlich, leitete an, kontrollierte und gab den rund 150 Werktätigen das Gefühl, in einem gut geführten Unternehmen zu arbeiten. Er hatte menschliche Führung praktiziert, vielleicht ohne es bewusst gelernt zu haben, womöglich aus einem instinktiven Verhalten heraus.

Und dann ging es auch schon los. An Bord der *MS Louis Lumière* hatte ich ein Bett in einer Sechserkabine gebucht. Nach meiner Ankunft war mein Einsatzort eine Textilfirma, die Textil Uruguay der belgischen Familie Steverlynck, die aus Baumwolle Stoffe für Hemden oder Bettwäsche herstellte. Es existierte in dem Unternehmen keine Kostenrechnung, und der Chef der Firma, Stanislas Steverlynck, gab mir den Auftrag, innerhalb von zwei Monaten eine einzuführen. Der Zeitrahmen war großzügig berechnet, sodass ich die erste Platzkostenrechnung versuchte, später ein mehrfach gegliedertes Modell mit einfachen Äquivalenzziffern wählte.

Steverlynck ließ mich ausprobieren, förderte es, dass ich mit dem Produktionsleiter meine Erkenntnisse durchging. Später schrieb er mir voller Begeisterung, dass seine Firma so profitabel wie nie sei, er würde seine Ware nun sogar nach Chile exportieren. Er hatte einen Führungsstil gehabt, den man als Laissez-faire bezeichnen konnte, für mich völlig neu, da er mir, als neuer Mitarbeiter, unterstützend zur Seite stand. Bei ihm wurden nicht alle über einen Kamm geschoren, wenn jemand eine Idee hatte, ließ er ihn gewähren. Im wahrsten Sinne des Wortes hatte er mich machen, mich laufen lassen.

Gute Führungskräfte erkennen die Potenziale ihrer Mitarbeiter, fordern und fördern. ■

John Tucker war eine ähnlich charismatische Führungskraft, die es zu außergewöhnlichen unternehmerischen Leistungen gebracht hatte. Bei ihm machte ich in Watertown, New York, mein zweites Praktikum, wo er seine einzigartigen Patente bei Stebbins Engineering and Manufacturing umsetzte. Ansonsten wurden in der Firma Betontanks gebaut. Als Erstes sollte ich bei Tucker eine Kostenanalyse durchführen, die das Ergebnis erbrachte, dass das Unternehmen bei der Hälfte der Tanks ordentlich Geld verlor. Das hatte unter anderem mit den in den USA herrschenden komplizierten Gewerkschaftsstrukturen zu tun gehabt und einer damit verbundenen mangelnden Flexibilität.

Ein zweites Projekt beinhaltete die Einführung einer recht einfachen Projektkostenrechnung, durch die man schnell erkennen konnte, in welchen Bereichen Geld zu verdienen war und in welchen nicht.

Über den Chef wurde wenig gesprochen, aber man war stolz, etwa seit zehn, 20 Jahren als Trucker oder Bauarbeiter für die Firma gearbeitet zu haben. In Nachrufen wurde das immer wieder erwähnt. Da hatte es ein Unternehmer richtig gemacht und sich in die Herzen seiner Mitarbeiter »hineingearbeitet«. Tucker wie auch Steverlynck hatten es verstanden, mit ihrem gesunden Menschenverstand Mitarbeiter an sich zu binden.

4.3 Operations Research und die Realität

Nach meinen Praktika überlegte ich, für ein großes internationales Unternehmen zu arbeiten, aber der Gedanke an eine akademische Karriere war auch ungemein verlockend. Wie auch immer, ich wollte auf jeden Fall noch in München promovieren, hatte aber vorher einen Antrag auf ein USA-Stipendium gestellt. Er wurde genehmigt, noch dazu durfte ich ein Jahr in Berkeley studieren, die University of California hatte mir eine Zusage erteilt, sie galt damals als eine der besten Hochschulen weltweit. Dort lehrten Operations-Research- und Statistik-Koryphäen wie George Danzig, West Churchman, Norman Blackwell oder Jerzy Neyman – sie alle wollte ich kennenlernen. Noch in München unter Mithilfe von Professor Otto Roegele änderte ich das Thema meiner Promotion, statt einer Steuerfrage musste es nun ein statistisches Problem sein.

In Berkeley war die hohe Zeit des Operations Research – das Wissen über Management wurde zunehmend anhand quantitativer Methoden und Modelle erfasst. Der Systemwissenschaftler West Churchman (er prägte den Begriff »Systems Approach«) postulierte die Anwendung von Zielfunktionen unter Nebenbedingungen auf viele unternehmerische Fragestellungen und gesellschaftliche Probleme. Ich fragte mich, ob man so nicht die »Allgemeine BWL« als eine Hilfswissenschaft denaturieren würde. Die praktische Anwendbarkeit der Operations-Research-Modelle hing dann allerdings von Annahmen über die Realität, über Wirkungszusammenhänge von Input- zu Output-Beziehungen ab, die der Kostenrechnung und der Bilanzlehre doch eine zentrale Bedeutung in der Steuerung des Unternehmens zukommen ließen.

Weil wir die Modelle anhand von praktischen Beispielen testeten, lernte ich aber auch die Leadership-Dimension des Controllers kennen. Mit seinem Instrumentenkasten aus Cost Accounting, Balance-Sheet-Analyse und Cash Management (Liquiditätsmanagement) konnte der Controller bei allen betrieblichen Funktionen oft mit mehr Sachkenntnis als die Funktionsträger mitsprechen – wirksam war dies jedoch nur, wenn er sein Wissen in einer effektiven Form darstellen konnte. Also: Wissen allein reichte nicht aus, es musste auch in einer sehr überschaubaren Weise vermittelt werden.

4.4 Führungsmacht Amerika?

Als ich in Berkeley war, 1968 und 1969, wurde der Vietnamkrieg verurteilt, überall im Land fanden Demonstrationen statt, besonders in Kalifornien, das damals von Gouverneur Ronald Reagan regiert wurde. Es ging bei den Protesten aber nicht nur um Vietnam, man setzte sich für Gleichberechtigung ein, forderte ein Black College, Bürgerparks für alle und vieles mehr. Die Unruhen verunsicherten die Amerikaner, man hatte sich als Führungsmacht gesehen – und war das nun auf einmal infrage gestellt? Konnte man angesichts des Grauens des Krieges noch die unbestrittene moralische Instanz sein, wenn in Europa Studenten die amerikanische

Flagge verbrannten? Keiner wollte länger diesen Krieg, doch junge Leute wurden eingezogen, und es war selbst für uns Ausländer offensichtlich, dass verstärkt Schwarze nach Vietnam geschickt wurden.

Dann wählte man im November 1968 auch noch Richard Nixon als nächsten Präsidenten. Eine Führerpersönlichkeit, die als sehr hitzköpfig galt. Würde ein solcher Präsident den Krieg beenden und das Land aus der verworrenen Lage herausführen können? Henry Kissinger, eine andere Persönlichkeit von einem anderen Format, gelang dieses Kunststück, indem er das tat, was in der Geschichte der Kriegsführung schon oft angewandt wurde: Er erklärte später den Sieg – und ließ die Truppen abziehen.

4.5 Der berühmte dispositive Faktor

Der dispositive Faktor begleitete mich durch meine ersten Jahre bei McKinsey, und es wurde auch immer häufiger in Fachzeitschriften über das Ausmaß desselben berichtet. Eine Begegnung mit Heinz Oskar Vetter, dem damaligen Chef des DGB, und seinem Assistenten Bernd Otto ist mir noch gut in Erinnerung. Es ging um die tragende Rolle des Faktors »Management« beziehungsweise »Disposition«. Der Gewerkschafter Vetter meinte, eine Untersuchung habe ergeben, dass die Topmanager unserer Unternehmen vier Wochen lang in ein Schwarzwaldsanatorium gehen könnten, ohne dass der Geschäftsverlauf davon betroffen wäre. »Alle reden über den Faktor Disposition, dabei stehen diese Herren zur Disposition.« Sein Assistent korrigierte diese scherzhafte Aussage.

Fest steht allerdings auch, dass bis Anfang der 80er-Jahre die Gewerkschafter selbst recht erfolgreiche Unternehmer waren. Die Bank für Gemeinwirtschaft (BfG), die Volksfürsorge als Versicherungsgruppe, die Neue Heimat als Bauträger und schließlich die co op als Lebensmitteleinzelhändler waren in ihren Branchen formidable Wettbewerber und hatten Unternehmensführer, die in der deutschen Wirtschaft hoch angesehen waren. Walter Hesselbach, Vorstandsvorsitzender der BfG, galt als »Abs in Rot«, und Werner Schulz, Chef der Versicherungsgruppe der Volksfürsorge, war ein hervorragender Unternehmer, ebenso Albert Vietor bei der Neuen Heimat, der bis zu seinem Skandal ein großer Baulöwe gewesen war. Wer hätte hier zur Disposition gestanden?

Die grundsätzliche Frage, wie viel vom erwirtschafteten Ertrag dem Kapital, der Arbeit und dem dispositiven Faktor zusteht, hat in den letzten Jahren erheblich an Bedeutung gewonnen. Während in den USA das Topmanagement zwei- und oft dreistellige Millionenbeträge kassiert und in Japan gerade etwa eine Million, liegt man in Deutschland/Europa dazwischen. In DAX-Konzernen sind zwei bis vier Millionen Jahresverdienst für Vorstände üblich, wobei die enorme Steigerung der letzten zehn Jahre zunehmend Erklärungsbedarf fordert. In einer Zeit, in der wir spüren, dass die natürlichen Ressourcen wie Luft und Wasser häufig keinen angemessenen Preis haben oder hatten und der Faktor Arbeit tendenziell eine Rente unterhalb des Faktors Kapital hat, ist eine neue Verteilungsdiskussion angesagt.

5

Selbstlernende Organisationen und Hierarchien

In den 80er-Jahren schrieb der US-Amerikaner Peter Senge – er gilt als Vordenker der lernenden Organisation und lehrte über Organisationsentwicklung und Systemforschung – das Buch *Die fünfte Disziplin. Kunst und Praxis der lernenden Organisation*. In diesem zeigte er anhand von vielen Beispielen, wie Unternehmen aus Fehlern wie Lieferengpässen, Qualitätsproblemen, mangelnder Ersatzteilverfügbarkeit lernten und danach diese Fehler nicht mehr machten. Es war wohl die Geburtsstunde der selbstlernenden Organisation, ein Vorläufer von künstlicher Intelligenz.

In gewisser Weise war McKinsey – die Firma, in der ich über 32 Jahre lang arbeitete – eine lernende Organisation, denn sie bestand zu 80 Prozent aus jungen Associates, die in den ersten Berufsjahren praktisch und nach einer kurzen Einführung (oder nach einem Mini-Masterstudium für Naturwissenschaftler) an Klientenprojekten arbeiteten. Dort wurden sie von älteren Teammitgliedern angeleitet oder von jungen Partnern geführt. Natürlich passierten in den Teams viele Fehler, und oft gab es vor der Klientenpräsentation einen Megastress, weil die Zahlen nicht mit den aufgestellten

Hypothesen übereinstimmten. Aber es galt – damals wie heute – das Prinzip des schnellen Lernens, das Prinzip des Vermeidens von Fehlern, insbesondere sie nicht noch ein zweites Mal zu machen. Damit verbunden war die Einsicht in ein fortlaufendes Lernen. Kam es wiederholt zu Projekten derselben Art, beschlossen viele Associates, das Unternehmen zu verlassen. McKinsey war kein Platz für Routinearbeiten!

5.1 Sprungbrett McKinsey

Mein Eintritt bei McKinsey war trotz der sehr schweren Entscheidung, München und die Berge zu verlassen und mit meiner Frau Rosemarie nach Düsseldorf umzuziehen, ein Fit, den man als »im Himmel geschlossene Ehe« bezeichnen konnte. Es passte einfach alles, tolle Leute, ein beeindruckender Chef, spannende Klienten und – was für mich so wichtig war – Internationalität von früh bis spät. Als jüngstes Teammitglied seine Meinung sagen zu dürfen, in keiner Denkhierarchie zu leben, war aufbauend. Boehringer Ingelheim, ein spannendes Unternehmen der Pharmabranche, bot mir bereits nach sechs McKinsey-Monaten einen Job in Argentinien an. Varta, damals der größte Batteriehersteller der Welt, und der große Unternehmer Herbert Quandt und sein Majordomus Hans Graf von der Goltz formten mich in den jungen Projektleiterjahren. Und dann ging es zu Siemens, und während meiner McKinsey-Zeit bis 2002 – insgesamt 27 Jahre – blieb Siemens mein Klient. Obwohl ich viele Angebote von anderen Unternehmen bekam, blieb ich 32 Jahre bei McKinsey – und habe es nicht bereut. Ich hatte immer das Gefühl, spannende Themen verfolgen zu können – und persönlich weiterzukommen.

Die intensive Projektarbeit hat mich geprägt: Es gab ein klares Ziel, man wusste, welcher Zeitrahmen existierte, und man wusste genau, welche Teamressourcen da waren. Ausreden waren selten möglich, und in gewisser Weise arbeite ich heute noch so. Ein Umfeld guter Leute motiviert mich, exzellente Unternehmen haben eine DNA, die fortwährend gute Leute anzieht, und als Berater für sie tätig zu sein, bringt mich weiter. Man hat das Empfinden, sich in relativ kurzen Zeitabschnitten professionell weiterzuentwickeln. Ja, es dauerte eben nicht sieben bis neun Jahre, wie von dem US-amerikanischen Positiven Psychologen Daniel Levinson in seinem Buch *The Seasons of a Man's Life* beschrieben, bis man von Stufe zu Stufe weiterkam; es ging in der Hälfte der Zeit.

> Arbeiten in Projekten bedeutet: klares Ziel, klarer Zeitrahmen bei klar definierten Ressourcen – zentrale Aspekte professioneller Führung. ■

Gelegentlich war zu sehen, wie wir bei McKinsey für die Wirtschaftswelt attraktive Mitarbeiter ausbildeten, und so kam es, dass im Verlauf meiner Zeit viele Kollegen zum Klienten wechselten oder für Headhunter zu idealen Kandidaten wurden (meine Aversion gegen Headhunter stammt aus der Zeit, als diese bei McKinsey unverschämte Abwerbungsversuche unternahmen ...). Heute haben wir eine Situation, in der weltweit 350 ehemalige »Meckies« geschäftsführendes Vorstandsmitglied sind (von James Gorman bei Morgan Stanley bis zu Oliver Bäte bei der Allianz), und in der viele Hunderte auf der zweiten und dritten Ebene den Sprung nach oben im Visier haben. Keine Business School – auch Harvard, Stanford, Wharton nicht – hat eine solche »Ausbeute« über die letzten Jahrzehnte. Und trotz der aktuellen Kritik an der Allmacht McKinseys darf man getrost davon ausgehen, dass die Ausbildung dort nahezu ein Garant für spätere Aufstiege ist.

5.2 Wachsen in einer Hierarchie

Doch wie gelang es, dass Mitarbeiter in einer solch hierarchisch strukturierten Organisation wuchsen? Mit umsichtiger Führung. Das bedeutete, Mitarbeiter, die nicht nur gut, sondern supergut waren, zu fördern und sie auch an sich vorbeiziehen zu lassen.

Ich selbst verdanke eine solche Förderung meinem Office Manager John McDonald, einem US-Amerikaner, den McKinsey nach Europa geholt hatte, genauer gesagt in die Düsseldorfer Niederlassung. In jeder Hinsicht war er ein »Quality Man«, trotz bedenklicher Schwächen – er sprach zu keinem Zeitpunkt ein verhandlungssicheres Deutsch. Aber er forderte und förderte uns jungen Associates. Da ihm das Ausfüllen der Projektbeurteilungsbogen zuwider war, bat er mich zweimal zur Selbstbeurteilung. Daran knüpfte sich dann ein halbstündiges Gespräch. Haften geblieben ist mir aus diesen Reviews, wie sehr er es schätzte, andere Kollegen in die Projektarbeit einzubeziehen – um so dem Klienten zu zeigen, dass man die optimale Teambesetzung für das anstehende Problem bringen wollte.

Umsichtige Führung bedeutet auch, gute Mitarbeiter an sich vorbeiziehen zu lassen. ■

Speziell förderte er mich, indem er mich immer wieder mit Sonderaufgaben betraute (Trainings, Klientenseminare mit unseren Experten, Ausrichtung von Bürofeiern, Präsentationen zur Mitbestimmung in anderen europäischen Offices, Schreiben von Artikeln). Trotz einiger deutlich spürbarer Aversionen schaffte er es, mich in viereinhalb Jahren zum Partner wählen zu lassen.

Bei McKinsey galt das »Up or out«- oder das »Grow or go«-Prinzip. Ab dem dritten Jahr sollte man Projektleiter sein, dann stufenweise Seniorprojektleiter, Associate Principal (Juniorteilhaber) und Principal (Teilhaberpartner oder Partner). Letzteres erfolgte frühestens nach sechs Jahren (ich war mit meinen viereinhalb Jahren eine Ausnahme). Man wurde schrittweise gewählt - oder man musste gehen. Intensive interne Schulungen waren damit verbunden, neben der Klientenarbeit gab es laufend Trainings - damals noch an Samstagen, an denen man vor anderen Kollegen seine Projekte vorstellen durfte. Schließlich gab es ITP, ein Introductory Training Program, das damals für zwei Wochen im Raum New York stattfand. Spätere funktionale Trainings folgten. Und wenn es Entwicklungen im situativen Führen gab, dann folgte ein dreitägiges Training. Man war immer auf der Höhe der damaligen Zeit, was das Wissen über Management betraf. Es wurde einem immer wieder gesagt, wie wichtig es sei, dass all dieses Lernen verantwortungsvolles Lernen sei.

Nach drei Monaten wurde man jeweils beurteilt, und wenn mehrere Beurteilungen durch den jeweils älteren Projektmanager unter Standard waren, bedeutete dies das frühe Ende der McKinsey-Karriere. Im Prinzip ist diese laufende Bewertung bis in die obersten Höhen (Senior Partners) bis heute gleich geblieben. Man wurde beurteilt, es wurde konstruktive Kritik geübt, und man musste die Beurteilung gegenzeichnen. Damals gab es noch keine 360-Grad-Feedbacks (eine Einschätzung aus unterschiedlichen Perspektiven, aus allen Hierarchieebenen) beziehungsweise wurde damit gerade erst begonnen.

Die Komitees zur Evaluierung eines Principal-Senior-Partners nahmen sich jährlich zwei Wochen Zeit, um die jeweiligen Partner individuell zu beurteilen und diese Beurteilungen dann zu kalibrieren, sodass am Ende ein ziemlich genaues Bild über das Leistungsprofil entstand und klare Aussagen zur weiteren Entwicklung gemacht werden konnten.

Es war also in der Firma ein intrinsisches Führungsverständnis vorhanden, und das professionelle Wachstum wurde bis zum Ausscheiden aus ihr laufend beurteilt und war Grundlage für die Vergütung.

McKinsey rekrutierte seine Führungsebene nahezu vollständig innerhalb der Company. Gelegentliche »experienced hires« waren eine Ausnahme.

Anders erlebte ich es beim Investment Banking, wo ein laufendes Kommen und Gehen auf Direktorenebene an der Tagesordnung war. Die Probleme der lateralen Führung lagen auf der Hand – einerseits bekam man einen Kandidaten oder eine Kandidatin, der oder die schon ein hohes Erfahrungswissen mitbrachte, andererseits waren dies die »mercenaries«, die Söldner, die nach ein paar Jahren weiterzogen, wenn woanders mehr für ihre Dienste bezahlt wurde.

Als ich einmal Brady Dougan, dem US-amerikanischen CEO der Schweizer Großbank Credit Suisse, vorrechnen durfte, was uns die lateralen Neueinstellungen über die Jahre gebracht hatten und wie wir oft enttäuscht waren, wenn sie zur »Unzeit« weiterzogen oder gar wegen mangelnder Fähigkeiten entlassen werden mussten, beschlossen wir ein umfassendes »Grow Your Own«-Programm (GYO). Wir suchten potenzielle Direktorkandidaten im eigenen Haus – und begleiteten sie dann über drei bis fünf Jahre, um sie dann intern zu promovieren. Es war nicht nur ökonomisch sehr erfolgreich, die Kosten für einen neuen Direktor sanken um 70 Prozent. Auch die Verweilzeit jüngerer Banker erhöhte sich beträchtlich.

5.3 Praktische Ergebnisse zählen

Dem Vorbild von John McDonald eiferte ich in gewisser Weise nach, als ich Alexander Dibelius - ein begabter Mediziner - in verschiedene, schwierige Klientensituationen bugsierte, seine Dynamik bewunderte und ihn nach knapp fünf Jahren zum Partner befördern konnte. Sein Drive stieß viele Kollegen vor den Kopf - aber er war eben in vielen Dimensionen besser als andere. Später wurde er ein erfolgreicher Investment Banker und Private-Equity-Partner. Sich daran zu erfreuen, dass ein Jüngerer noch besser ist (nicht nur beim Skirennen) als man selbst, zählt zur Schule der Führung.

Michael Jung war mir an der Ludwig-Maximilians-Universität in München durch sein intensives Fragen aufgefallen, und ich war sehr froh, als er sich zu einem Praktikum bei McKinsey entschloss. Dort war er, obwohl der Jüngste, herausragend aus dem Team - allerdings war er nicht so begeistert von uns wie wir von ihm. Zum Glück landete er dann nach dem Examen doch bei uns, und so hatten wir einen »intellektuellen Hochflieger« unter all den recht selbstbewussten Meckies. Sein Schreibstil war oft schwer verständlich, seine Anforderungen an Teammitglieder waren sehr hoch, er war sehr kritisch, aber immer loyal.

André Andonian, ein gebürtiger Armenier mit österreichischem Pass, kam 1986 mit einem MBA-Abschluss (Master of Business Administration) zu McKinsey ins Münchner Büro. Er wirkte bei meinen Klienten Siemens und Daimler einige Jahre und war stark involviert in die Hightech-Praxis unserer Firma. Aus diesem Grund transferierte er auch mit seiner Familie ins Silicon Valley zu McKinsey, seit fast vier Jahren führt er das Büro in Tokio. Das japanische Büro hat jetzt 430 Consultants, 85 davon sind Partner oder Associate Partner (davon sechs Frauen, die in den letzten Jahren befördert wurden) und weist eine beeindruckende Klientenliste der größten japanischen Unternehmen auf. Er hat diesen Challenge wunderbar bestanden. Mehrere Male durfte ich als sein Mentor auftreten – es ist ein perfektes Meister-Gesellen-Verhältnis.

Längst hatte ich begriffen, dass ich wenig über die praktischen Auswirkungen des dispositiven Faktors in der Praxis beizutragen hatte. Der Unterschied zwischen den gut gehenden Tankstellen und jenen, bei denen es schlechter lief (um das frühere Bild aufzugreifen), war wissenschaftlich nicht beantwortet. Und so stand ich vor dem Problem, dass ich nur wenige Spitzenleute erlebte und mit dem statistischen Durchschnitt von zehn Prozent als »outstanding« und 20 Prozent als »above average« bewerteten Kollegen eben aber auch sah, dass die große Mehrheit als »average« und »below average« klassiert wurde. Da dies in der Grundgesamtheit auch für Manager auf allen Ebenen bei Klienten beziehungsweise bei allen Unternehmen von jedweder Größenordnung galt, hatte ich schon früh in meiner Berufspraxis *den* wesentlichen Grund für vergleichsweise gute und schlechte Performance gefunden.

Weil Phänotypen von Führungspersönlichkeiten nicht allgemeinverbindlich gezeichnet werden können, verlässt man sich auf praktische Ergebnisse.

Friedrich Flick soll gesagt haben: »Entweder ändern sich die Zahlen oder die Gesichter.«

5.4 Die Prinzipal-Agent-Theorie

Es gab auch wissenschaftliche Ansätze, um das Handeln von Menschen in einer Hierarchie zu klären, in diesem Zusammenhang ist die Prinzipal-Agent-Theorie hervorzuheben: Der Prinzipal (Anteilseigner eines Unternehmens) beauftragt bestimmte Manager als Agenten, um die Geschäfte in seinem Sinne zu führen.

Stöbert man in der Geschichte der deutschen Industrialisierung, so findet man am Ende des 19. Jahrhunderts stark wachsende Unternehmen, die von Eigentümern gegründet und im Familienbesitz geführt wurden. Gelegentlich gab es auch Beispiele des Niedergangs – gut nachzulesen in *Buddenbrooks*, dem Familienepos von Thomas Mann. Mit dem Wachstum der Unternehmen gab es Kapitalsammelgesellschaften, das heißt, die Aktiengesellschaften wurden zur normalen Rechtsform der Großunternehmen. Interessant in diesem Zusammenhang war die Behandlung des Eigentümers oder Geschäftsführers (Prinzipal-Agent-Beziehung).

> Besonders in den Anfangsjahren der deutschen Aktiengesellschaften hatten die Eigentümer Sorge, dass die Geschäftsführer sich mit der »Kasse aus dem Staub machen konnten« – und pochten so auf eine Klarstellung der Haftung der Geschäftsführer im Gesetz. ■

In der Praxis finden wir viele einschneidende Bestimmungen, die den Geschäftsführern klare Begrenzungen in der Ausübung des Managements auferlegten.

Die nächste Phase in der Führung von Unternehmen wurde in gewisser Weise durch das Aktiengesetz 1937 geprägt – im Geiste des »Führerprinzips« wurden Industrieführer geschaffen, die als »Generaldirektoren« in großer Eigenverantwortung die Unternehmen leiteten. Gegen die Anordnungen des Chefs ging nichts – die Mitglieder im Vorstand wurden von ihm bestellt und entlassen, das übergeordnete Ziel war oft Liquidität, man machte viele regierungsamtlich beeinflusste Geschäfte, berechnete die Preisstellung – wenn irgend möglich nach den Leitsätzen zur Preisfindung. Offene oder verdeckte Preisabsprachen waren an der Tagesordnung, und Kartellvereinbarungen waren genauso akzeptiert wie Monopole. Die männlichen Chefs dieser Zeit regierten oft 15 bis 20 Jahre und bestimmten nach eigenem Gusto ihren Nachfolger. Es verwundert dann wenig, dass dieser staatskapitalistische Ansatz nur zu einer kleinen Börse führte.

Erst spät wurde zur Prinzipal-Agent-Theorie intensiv geforscht. Zuerst wurde sie 1976 in einem Aufsatz der US-Ökonomen Michael Jensen und William Meckling beschrieben. Sie legten dar, dass, bedingt durch die Trennung von Eigentum und Kontrolle in modernen Unternehmen, häufig eine Divergenz in den Interessenlagen von Shareholdern (Eigentümern) und Managern (Agenten) existiert.

Die Agency-Theorie geht davon aus, dass Menschen grundsätzlich rational handeln, ein hohes Eigeninteresse haben und sich opportunistisch benehmen. ■

Deshalb wollen Manager ihre eigenen Interessen maximieren – zulasten der Eigentümer. Beispielhaft war das zu verfolgen auf der Hauptversammlung der Bayer AG vom 26. April 2019. Mit rund 55 Prozent der Stimmen hatte sie gegen die Entlastung des Bayer-Vorstands Michael Baumann gestimmt und ihm für das vergangene Geschäftsjahr das Vertrauen entzogen. Es war das erste Mal, dass einem amtierenden DAX-Vorstand so etwas passierte. Aber viele Aktionäre waren sauer, weil ihre Aktien innerhalb nur eines Jahres um fast 40 Prozent an Wert verloren hatten. Der Kurs war nach der Übernahme des US-amerikanischen Saatgutherstellers Monsanto und zwei verlorenen Schadenersatzprozessen eingebrochen. Wegen eines glyphosathaltigen Unkrautvernichtungsmittels von Monsanto ist Bayer in den USA mit über 13 000 Klagen konfrontiert (Stand 2019).

Ähnlich, wenn auch auf anderer Ebene, reagierte Wolfgang Schäuble, Präsident des Deutschen Bundestags, als im Frühjahr 2019 die Deutsche Bank eine Bilanzpressekonferenz abhielt und Vorstand Christian Sewing verkündete, man werde wieder Boni ausschütten. Schäuble kommentierte: »Wem gehört eigentlich die Bank, wenn bei knapp 400 Millionen Euro Jahresergebnis über 1,9 Milliarden Boni für das Management ausgeschüttete werden!«

5.5 Der Imperativ des Kapitalmarkts

Als dann ab 2005 der Kapitalmarkt (Capital Market) mit seinen mittel- und langfristigen Finanzierungsinstrumenten zum Imperativ, zur dominanten Handlungsmaxime erklärt wurde – dieser Imperativ hatte so etwas wie eine Schule des Denkens begründet –, schien die Agententheorie das richtige Fundament.

> Wenn der Kapitalmarkt als letztlicher Schiedsrichter über die Performance eines Unternehmens galt, dann war es nur natürlich, dass dem Management Share Options (Belegschaftsaktien), Earn-out-Programme (erfolgsabhängige Bezahlungen) oder einfach nur Aktien des geführten Unternehmens ausgegeben wurden. ■

Je höher der Börsenwert, desto mehr bekamen Investoren, Manager und auch die Mitarbeiter, so sie denn Belegschaftsaktien hatten. Die dabei auftauchenden Probleme hinsichtlich des Zeitrahmens (Manager wurden eher an Quartalsergebnissen gemessen, Investoren waren tendenziell langfristig orientiert), des Kreises der einbezogenen Manager (nur Teile des Topmanagements, das gesamte Topmanagement, und sollte man auch die zweite Ebene einbeziehen?) sowie der Shareholder-Struktur (langfristige versus kurzfristige Investitionen; die Rolle von aktiven Investoren) haben die Kapitalmarktmaxime zugunsten des Stakeholder-Konzepts in den Hintergrund treten lassen.

Bei Start-ups findet sich dagegen eine sehr ausgeprägte Anwendung des Kapitalmarktimperativs. Signifikante Anteile für das aktive Management (bis zu 40 Prozent bei ottonova oder xbAV) und eine Ausstattung mit Belegschaftsaktien führen hier zu einer Unternehmenskultur, die den persönlichen Reichtum fördert. Es gibt Beispiele, wo das Topmanagement zweistellige US-Dollar-Millionenbeträge erhielt, aber selbst die Mitarbeiter der untersten Hierarchiestufe erhielten noch einige Hunderttausend Dollar durch ihre Share Options (einige der Social-Media-Firmen fallen darunter).

Das Beispiel von XING mag stellvertretend für einige dieser Überfliegerunternehmen stehen: Mit Lars Hinrichs als Topmanager und Hubert Burda als wesentlichen Investor wurde diese Social-Media-Plattform in sechs Jahren zu einer Marktbewertung von über einer Milliarde Euro entwickelt. Kleine Notiz am Rande: Burda, der Verleger, verdient mit seinen Printmedien gerade mal 50 Millionen EBITA (Gewinn ohne Berücksichtigung von Zinsen, Steuern und Abschreibungen) – und mit den Online-Investments das Fünffache bei einer Mitarbeiterzahl von gerade mal zehn Prozent.

Die stärkere Anwendung des Kapitalmarktimperativs hat auch damit zu tun, dass der Führungsstil bei Start-ups völlig anders ist als bei etablierten Unternehmen. Der Chef oder die Chefin ist nahe am Produkt (hat es oft sogar selbst entwickelt), kennt seine/ihre wenigen Mitarbeiter persönlich und ist fast ständig zwischen Kunden (mehr wären besser) und Finanziers (mit knappen Finanzierungsrunden) unterwegs. Er oder sie hat wenig Stabsunterstützung, muss sich Flops am Produkt oder bei Kunden persönlich anrechnen lassen und steht – vielfach gedanklich – vor der Pleite. Diese passiert dann tatsächlich auch oft. Doch während sie in den USA als Zeichen des Reifens gilt, wird das in Deutschland noch anders gesehen – als Unfähigkeit. Dabei sind Start-up-Gründer wie Roman Rittweger (ottonova), Martin Bockelmann (xbAV), Jan Beckers (HitFox), Gloria Seibert (Temedica) oder Nico Polleti (mit Cluno hatte er die innovative Idee, das eigene Auto zu abonnieren, um sich so nicht über Jahre an ein bestimmtes Auto zu binden) alles höchst engagierte Unternehmer, die einen risikoreichen Weg beschritten und die zweite Finanzierungsrunde (Death Valley genannt) erreicht und überwunden haben. Vergleicht man ihre Lebenserfahrung mit Kollegen, die als Kundenbetreuer zu einer Bank oder Versicherung gingen, so spürt man die enorme unterschiedliche Entwicklung. Hier die durchs Stahlbad gegangenen Gründerunternehmer, dort oft die im Akademikersilo der Bank/Versicherung arbeitenden Angestellten.

5.6 Führung mit Fachwissen

Zu einer guten Unternehmensführung gehören aber nicht nur menschliche und theoretische Kenntnisse, dazu zählen auch die fachlichen Voraussetzungen. Früher hieß es, nur ein Chemiker könne einen Chemieriesen führen, nur ein Mediziner ein Pharmaunternehmen, ein Ingenieur einen Elektro- oder Automobilkonzern. Häufig ist an der Spitze eines Industrieunternehmens aber eine Kombination zu finden, die von einem Techniker und einem Kaufmann geführt wird. Der Kaufmann ist für das Controlling verantwortlich ist. Man hat die Erfahrung gemacht: So kann man sich besser gegen Risiken absichern.

Es war ein besonderer Augenblick, als der erst zweite Nichttechniker bei dem Elektrokonzern Siemens 1992 Chef wurde, das war Heinrich von Pierer. Ich weiß noch gut, wie diese Wahl von Journalisten kritisch kommentiert wurde. John D. Rockefeller III. wurde zitiert:

»Ein Unternehmen ist ein System, das seiner eigenen Logik folgt und von Tradition und Trägheit geprägt ist. In diesem System spricht alles für bewährte Vorgehensweisen und alles dagegen, Risiken einzugehen und neue Wege einzuschlagen.« ■

Von Pierer war nach Meinung der Medien zu neuartig unterwegs. Dabei hatte von Pierer sein Leben lang in dem Konzern gearbeitet. Doch traditionell hatten in dem 1847 in Berlin gegründeten Unternehmen stets die Ingenieure das Sagen, die ein Produkt im Zweifelsfall etwas besser machten als die Konkurrenz. Aber oft war es dann auch teurer und kam erst viel später auf den Markt als das der Konkurrenz. Pierer hatte dafür zu sorgen, dass die Menschen in dem etwas schwerfällig agierenden Konzern flexibler als früher reagierten und dass der Konzern weltweit präsent wurde – etwa wieder mehr in Asien. Es waren also neue Wege gefragt, um nicht einmal wie ein veralteter Koloss dazustehen. Und es warf den Gedanken auf, wie Führung in der modernen Industriewelt auszusehen hatte.

6

Psychogramme auf dem Prüfstand – Manager oder Leader

»Manager und Leader – sind sie verschieden?« Diese Frage stellte der US-Amerikaner Abraham Zaleznik – er forschte mit großer Anerkennung auf dem Gebiet der psychodynamischen Führung – in einem Artikel, der 1977 in dem Managementmagazin *Harvard Business Review* abgedruckt wurde. Die Welt hatte sich gerade von der ersten Ölkrise erholt, nachdem im Herbst 1973 die OPEC, die Organisation der Erdöl exportierenden Länder, einen Lieferboykott der westlichen Industrieländer beschlossen hatte. Die erste tief greifende Rezession der Nachkriegszeit nahm ihren Lauf, und die in der Bundesrepublik Deutschland erreichten Wachstumsraten des Sozialprodukts kamen nie wieder auf ihr altes Niveau. Man begann in der Folge auch die wirtschaftspolitischen Akteure infrage zu stellen. Letztlich stand dahinter die Überlegung, wer es besser macht, der Manager oder der Leader.

In seinem Beitrag beantwortete Zaleznik die von ihm aufgeworfene Frage selbst, dabei kam er zu dem Schluss, dass der Unterschied dieser beiden Persönlichkeiten in der Vorstellungswelt, der Psyche und der Einstellung zu »Chaos und

Ordnung« liegen würde. Entsprechend würden sich zwei völlig unterschiedliche Typen von Führungskräften ausmachen lassen, die Pragmatiker und die Visionäre – ihre jeweiligen Psychogramme würden in einem Wettstreit miteinander liegen.

Manager lieben nach Zaleznik Prozesse, sie lösen Probleme instinktiv und schnell, oftmals bevor sie diese vollständig verstanden haben – sie sind primär Problemlöser. Leader dagegen tolerieren das Chaos, sie erlauben sich oft mehr Zeit, um ein Problem richtig zu verstehen. Sie teilen insoweit mehr Gemeinsames mit Künstlern, Wissenschaftlern und anderen Kreativen. Während das Management auf Kompetenzschaffung, Kontrolle und das entsprechende Gleichgewicht von Kräften (Balance of Power) ausgerichtet ist, fehlen dabei die Leadership-Elemente Inspiration, Fantasie, Vision und Leidenschaft.

Manager sind Problemlöser, auch ohne das Problem verstanden zu haben. Leader dagegen verstehen das Problem und tolerieren Chaos (nach Zaleznik).

Nach Meinung von Zaleznik hatten die Experten der Managementwissenschaften mit ihrer quantitativen Ausrichtung die andere Hälfte der Führung verpasst, jene, die Inspiration und die komplette Seite der menschlichen Wünsche, der Antriebe und Hemmungen beinhaltete. Sie fehlte. Zalezniks Aussagen zeigten Wirkung, sie veränderten die Führungslehre nachdrücklich.

In ihrer Folge schlossen sich sehr intensive Diskussionen über die beiden disjunkten Typen an. John P. Kotter, Leadership-Professor an der Harvard Business School, veröffentlichte noch im selben Jahr in der *Harvard Business Review* seinen Artikel, dem er den Titel gab: »What Leaders Really

Do?« Kotter wandte sich gegen Halbwahrheiten über Führung, zu den gefährlichsten zählte er jene, die mit dem Glauben verbunden wären, allein Charisma und Visionen würden ausreichen. Führung hätte für ihn damit zu tun, mit Komplexitäten fertigzuwerden. Die von ihm erwähnten Beispiele – Lou Gerstner von American Express oder der große Motivator Richard Nicolosi von Procter & Gamble – galten dann auch für viele andere Unternehmen als Benchmarks großer Leadership-Leistungen.

6.1 Verwandlung vom Manager zum Leader

Ich selbst hatte es mit vielen Charakteren von Führungskräften zu tun gehabt, und ich würde einen Manager tatsächlich zum effizienzorientierten Typus zählen, der klare Ziele erreichen muss und dafür die entsprechenden Voraussetzungen schafft – insbesondere die Anleitung von Mitarbeitern und den Einsatz von Betriebsmitteln und Werkstoffen. Auf der unteren Managementebene und großteils auch auf der mittleren Ebene habe ich diesen Standardtyp gefunden.

Manager führen heute mündige Bürger, sind bestens informiert, wissen um die Situation in anderen Unternehmen Bescheid, haben oft auch nicht mehr die Notwendigkeit, viel Einkommen zu erzielen. Sie bedürfen des Coachings, der Entwicklung ihrer Fähigkeiten und der Integration in wechselnde Teams und Aufgabenstellungen. Selten gibt es heute noch tief gestaffelte Unternehmen mit acht bis zehn Ebenen, in denen die Befehle von oben nach unten und die Meldungen von unten nach oben gegeben werden.

Das Command-and-Control-Modell hat zunehmend ausgedient und ist durch das Empowerment-Konzept ersetzt worden, bei dem es um die Stärkung der Mitarbeiter geht, um die Förderung ihrer Kompetenzen und Ressourcen.

Hier greift die Idee der psychodynamischen Führung von Abraham Zaleznik, letztlich ist sie auch eine, die aus der US-amerikanischen Bürgerrechtsbewegung und der gemeindebezogenen sozialen Arbeit stammt.

Leader dagegen heben sich über die Managementthemen hinaus und definieren den Zweck ihrer Organisation im Zusammenspiel mit den Stakeholdern (Investoren, Kunden, öffentliche Meinung). Sie kommunizieren dies auch sehr offensiv. Ihr Ziel ist das »Mitnehmen« ihrer Mitarbeiter, Mitglieder und Kunden. Sie sind ständig besorgt über ihr Standing in der Öffentlichkeit. Oft müssen sie besondere Leistungen erbringen, brauchen ein kompetentes Team von Followern, um nach oben zu kommen. Deshalb findet man Leader vorwiegend im oberen Management, wo sie auch stark mit der Außenwelt kommunizieren.

Im Lauf der Zeit kann sich die Entwicklung vom Manager zum Leader vollziehen, das konnte ich bei McKinsey allgemein und auch an meinem Beispiel erfahren. Es braucht zwei, drei Jahre, bis eine Organisation auf den Manager hört, bis sie merkt, was passiert. Kommen keine Planabweichungen, disziplinarischen Vergehen und Ähnliches vor, kann die Transformation zum Leader auf ganz natürliche Weise geschehen. Man hat eine gewisse Sicherheit erreicht und kann dadurch als Inspirator, als Visionär, als Game Changer wirken. In den Unternehmen war das bei Heinrich von Pierer (Siemens), Dieter Zetsche (Daimler), Michael Diekmann (Allianz) oder Herbert Hainer (adidas) zu sehen. Aber auch in der Politik kann das verfolgt werden. Ich beobachtete, wie

Helmut Kohl sich vom politischen Manager zum souveränen Staatsmann transformierte. Bei Erwin Teufel oder Edmund Stoiber gab es vergleichbare Entwicklungen.

Mit Edmund Stoiber arbeitete ich sehr eng zusammen, als bayerischer Ministerpräsident beauftragte er McKinsey mit verschiedenen Projekten, die alle unter meiner Verantwortung durchgeführt wurden. Tief beeindruckt war ich von seiner Art, alles, wirklich alles, was man ihm gab, zu lesen. Er führte sein Kabinett straff – und gab Bayern früh die Vision eines Hochtechnologiestandorts. Nach meiner Einschätzung wäre er bestimmt ein guter Kanzler geworden.

6.2 Spitzengespräche

In der heutigen Zeit erlebe ich immer wieder, wenn man über ein Unternehmen, eine Tochtergesellschaft, einen Bereich oder eine Abteilung spricht, dass zuerst die Beurteilung über die Frau oder den Mann an der Spitze thematisiert wird: »Was halten Sie denn von der oder dem?« Und wenn das Urteil kritisch oder gar negativ ausfällt, heißt es oft weiter: »Da hilft wohl dann nur der Wechsel an der Spitze.« Geschieht das auch, muss häufig eingesehen werden, dass der Wechsel leider nicht den erhofften Erfolg gebracht hat. Wobei: Nicht selten wird der Austausch mit einer entschiedenen Aktion gleichgesetzt, und wie wir bei Fußballtrainern sehen, oft funktioniert der Wechsel ja auch tatsächlich.

Es gibt keine Erfolgsformel für Führungsbesetzungen.

Es lässt sich nicht beantworten, ob es besser ist, wenn jemand von außen oder von innen geholt wird. Oder sollte man eine Kombination aus beidem anstreben? In der Praxis sind immer wieder Erfolge oder Misserfolge für die eine wie für die andere Vorgehensweise zu beobachten. Und wir können sehen, dass eine Berufung in die Chefposition einer Versicherung nicht bedeutet, dass diese Person auch eine Bank führen kann. Und wer eine sehr gute Führungsrolle in der Wirtschaft eingenommen hat, muss noch lange nicht adäquat in der Politik, im Sport oder in der Kultur führen.

In den USA wechselt häufig ein Politiker in die Wirtschaft oder umgekehrt. Klassisches Beispiel ist George Shultz, der als Professor für Industriebeziehungen, Dekan der University of Chicago und Angehöriger des Ausschusses für betriebliche Personalpolitik schließlich Arbeits- und Finanzminister unter US-Präsident Richard Nixon wurde und später Außenminister unter Ronald Reagan. Chef der EZB, der Europäischen Zentralbank, ist der Italiener Mario Draghi, einst war er ein Angestellter der Großbank Goldman Sachs. Er war von 2002 bis 2005 Vizepräsident der Bank für das europäische Geschäft, davor Generaldirektor des italienischen Finanzministeriums, danach wurde er italienischer Notenbankchef. 2011 bekam er dann den Job als Chef der EZB. Aber nicht nur Draghi war Goldman-Sachs-Mitarbeiter, auch EU-Kommissionspräsident José Manuel Barroso war es, ebenso Henry Paulson, späterer US-Finanzminister, oder der britische Notenbankchef Mark Carney. Eine Bank lenkt geradezu die Welt.

In Deutschland ist die Erfolgsbilanz eher gemischt. Als positive Beispiele sehe ich da Detlev Rohwedder, der 1979 den Stahlkonzern Hoesch leitete und dann im Januar 1991 das Amt des Präsidenten der Treuhandanstalt übernahm (drei Monate später wurde er in seinem Haus erschossen). Ebenso gelang der Wechsel von Lothar Späth in die Wirtschaft – als ehemaliger Ministerpräsident von Baden-Württemberg wurde er 1991 Geschäftsführer von Jenoptik in Jena.

Das einstige DDR-Industriekombinat behauptete sich nach der Wiedervereinigung.

Den positiven Beispielen stehen aber auch negative gegenüber: Der frühere hessische Ministerpräsident Roland Koch wechselte in den Vorstand des Industriedienstleisters Bilfinger, wurde geradezu über Nacht zum Chef des Unternehmens. Man hatte viele Erwartungen, was Koch betraf, die der Ex-Politiker aber nicht erfüllen konnte. Er selbst war wohl davon ausgegangen, dass sein Leadership-Stil auch dort erfolgreich sein würde. Im – zugegeben – sehr schwierigen Umfeld der Baubranche, mit kritischen Ankeraktionären wie Cevian Capital sowie mit einer Lesart des Kapitalmarkts (»Schon wieder eine Gewinnwarnung«) tat er sich schwer – drei Jahre hatte er sich dort nur halten können, dann musste er seinen Hut nehmen. Und Johannes Ludewig war Staatssekretär im Bundeswirtschaftsministerium gewesen, bis er den Posten als Vorstandsvorsitzender der Bahn antrat. Vorzeitig musste er abgelöst werden, weil ihm die Umstrukturierung des Unternehmens nicht gelang.

6.3 Komplementäre Systeme

Leadership ist also tatsächlich etwas anderes als Management, aber nicht wegen irgendwelcher mystischen, geheimnisvollen Dimensionen. Es ist nicht das Charisma, das einer oder eine hat und ein anderer, eine andere nicht. Und Leadership ist auch nicht notwendigerweise besser als das Management, auch kein Ersatz dafür. Im Gegenteil:

> Leadership und Management sind zwei getrennte, wenn auch in gewisser Weise komplementäre Aktionssysteme. Beide sind notwendig in einer zunehmend komplexen und volatilen Umgebung. ■

Tabelle 6.1 verdeutlicht den Unterschied zwischen Leadership und Management.

Tabelle 6.1 Unterschiede zwischen Leadership und Management

Kategorie	Leadership	Management
Vorherrschende Art, zu denken	Fokussiert auf Mitarbeiter Nach außen orientiert	Fokussiert auf Dinge Nach innen orientiert
Zielsetzung	Vision wird artikuliert Exekutiert Pläne Gestaltet die Zukunft	Exekutiert Pläne Verbessert Gegenwart
Mitarbeiterbeziehung	Sieht den Wald Ertüchtigung von Kollegen Vertrauen/Entwicklung	Sieht die Bäume Kontrolle Untergebene Direktion/Koordination
Operation	Macht die richtigen Dinge Schafft Wandel Dient den Mitarbeitern	Macht die Dinge richtig Managt den Wandel Dient der Obrigkeit
Führung	Nutzt Einfluss Nutzt Konflikt Handelt entscheidungsorientiert	Nutzt Autorität Vermeidet Konflikt Handelt verantwortlich

Nach Kotter – und dies äußerte er 2001, 14 Jahre nach seinem Artikel in der *Harvard Business Review* – sind die meisten US-amerikanischen Unternehmen heute eher overmanaged und underlead. Sie brauchen nachhaltige Entwicklungen in dem, was Leadership ausmacht.

Organisationen geben Managern die Legitimation, zu führen (to lead), aber das ist keine Gewähr, dass sie auch in der Lage sind, diese sinnvoll zu führen. In der heutigen dynamischen Welt braucht es Leader, die den Status quo fordern (»can we be ubered«, wie es in den USA heißt) und Menschen inspirieren können. Und es braucht Manager, die das Unternehmen effektiv arbeiten lassen. Wie gesagt: In meiner beruflichen Praxis habe ich viele gute und viele weniger gute Manager erlebt (vom unteren Management bis zur Spitze): Wirklich herausragende Führungspersönlichkeiten waren meist auf der oberen Managementebene angesiedelt (Herrhausen, von Sanden, Reuter, Wössner). Oder sie waren große Familienunternehmer (die Brüder Kurt und Wilfried Stoll, Irene Kärcher und ihr CEO Roland Kamm).

Symptomatisch ist bei großen Leadern die starke Mannschaft, mit der sie sich umgeben. ■

7

Diversity an der Spitze

Ich wuchs in einer Zeit auf, in der die drei K – Kinder, Küche und Kirche – noch an der Tagesordnung waren und Frauen in Führungspositionen praktisch nicht existierten. Das hat sich in den letzten Jahren gravierend verändert. Bei meinem Eintritt bei McKinsey 1970 waren in Europa zwei weibliche Associates in London beschäftigt, im deutschen McKinsey-Büro keine einzige. Das änderte sich in den nächsten Jahren auch nur wenig. Als ich 1984 Office Manager wurde, hatte ich zwar mit Frauen im Team zusammengearbeitet, trotzdem machten sie erst vier Prozent der Associates aus.

Zwischenzeitlich hatte ich herausgefunden, dass es in anderen Ländern besser aussah, in den skandinavischen waren 25 Prozent der Associates weiblich, in Großbritannien 23 Prozent und in New York 25 Prozent. Also wurde es zu meinem Ziel, innerhalb von fünf Jahren auf eine ähnliche Quote zu kommen. Um es zu erreichen, versuchte ich viele Ansätze: Wir warben mit großflächigen Anzeigen: »Weibliche Associates suchen Kolleginnen«, ich bildete Peer Groups, kümmerte mich darum, dass Frauen die Interviews durchführten, wenn es um neue Mitarbeiterinnen ging (eher ein Fehlschlag, da sich die Frauen überwiegend kritisch zu ihren Geschlechtsgenossinnen verhielten), bot Teilzeitangebote an, um Freiräume für Familie, Freunde und persönliche Interessen zu bewahren, sorgte dafür, dass sie herausgehobene Funktionen bei Retreats einnahmen, versuchte Transfers in andere Büros. Frauen sollten nicht nur eingestellt, sondern auch nach oben gebracht werden. Was immer ich jedoch tat, es half nicht zum durchschlagenden Erfolg.

Aus eigener Erfahrung kann ich allerdings berichten, dass Frauen in der Beratung eine große Bereicherung waren und außergewöhnlich erfolgreich. Sie hatten häufig ein sehr gutes Gespür dafür, was man einem Klienten in welcher Form sagen konnte, sie waren oft keine extremen Workaholics und sie schienen durch das Up-or-out-Prinzip nicht gerade abgeschreckt. Sie zeigten Weitsicht und eine große Reflexionsfähigkeit. Und ein gewisses Einfühlungsvermögen macht die Arbeit insgesamt für alle angenehmer. Vielfach habe ich auch erlebt, dass die unterschiedlichen Sichtweisen in gemischten Teams positive Reibung und häufig eine andere Herangehensweise an Probleme und neue Kreativität erzeugten.

Die Zahl der Partnerinnen wuchs dann bei uns überproportional, anders als in der deutschen Volkswirtschaft, da bei McKinsey immer das Prinzip galt, dass Männer und Frauen bei gleicher Funktion und Leistung gleich bezahlt werden. Als ich dann Ende 1998 vom Office Management zurücktrat, hatten wir einen Frauenanteil von elf Prozent, keine schlechte Entwicklung, aber eben auch nicht die von mir angestrebten 25 Prozent. Es gab viele Gründe, warum das nicht gelungen war, und die vielen Reisen waren es nicht allein, die zu dem eher langsamen Anstieg des Frauenanteils geführt hatten. Die noch sehr frauenfeindlichen Umstände in der Gesellschaft hatten ihr Übriges dazu getan – alte Rollenmodelle haben den Fortschritt blockiert, ein stereotypisches Denken darüber, welche unterschiedlichen Qualitäten Frauen und Männer haben.

7.1 Unternehmen und maskuline Normen

Die größtenteils maskuline Natur von Unternehmen und Organisationen hatte besonders hohe Barrieren für Frauen aufgebaut. »Die Technologien des 21. Jahrhunderts sind Genderneutral«, schrieben Karen D. Davis und Brian McKee, zwei Kanadier, die sich mit Frauen und militärischer Führerschaft in mehreren Publikationen auseinandergesetzt haben. Es wäre zu hoffen.

Bis in die jüngste Vergangenheit hinein waren die Definitionen von Führung von maskulinen Normen geprägt.

In vielen Unternehmen und Organisationen herrscht auch heute noch eine Einstellung, die kaum als frauenfreundlich beschrieben werden kann. ■

Es gibt in ihnen reichlich Rituale, die Frauen ausschließen, dazu zählen private Klubs, der Austausch von digitaler Pornografie oder sexistische Witze. Viele Unternehmen fordern fast heroische Akte der Hingabe ein, etwa extrem lange Arbeitsstunden und extensive Reisen. Dadurch soll die Loyalität zur Organisation bewiesen werden, nur so wird ein Aufstieg in Betracht gezogen.

Wird die Arbeitswelt der Zukunft verstärkt durch sich selbst steuernde Mitarbeiter geprägt sein, müssen Manager sich umorientieren und mehr koordinieren, mehr coachen, mehr ermöglichen, sich mehr kümmern. Sie haben dann bei ihren Mitarbeitern genau jene Fähigkeiten zu entwickeln, die traditionell eher als feminin gelten.

Doch der Fortschritt ist langsam.

7.2 Gendergerechtigkeit

Fast die Hälfte der arbeitenden Bevölkerung in den Industrieländern ist weiblich, die Frauen bekommen aber keine Bezahlung, die der ihrer männlichen Kollegen entspricht. In den USA werden zunehmend Sammelklagen gegen Konzerne geltend gemacht, wenn sie Frauen nicht gleich wie die männlichen Kollegen entlohnen – oder sie nicht den Zutritt zu allen Ebenen im Unternehmen erhalten. Der Flugzeughersteller Boeing wurde in einem Diskriminierungsvergleich zu 72,5 Millionen US-Dollar in solch einem Class Action Suit verurteilt: Morgan Stanley und Walmart bezahlten ähnlich hohe Summen. Das hat entscheidend dazu beigetragen, dass die Rekrutierungsverfahren und Personalsysteme sich in Richtung auf Gendergleichheit veränderten.

Geblieben sind aber die stereotypischen Definitionen von Führungsrollen, sie sind unverändert maskulin. Bei Musikern wird vorgespielt, ohne dass der Bewertende die Person zu sehen bekommt. So können Vorlieben für das eine oder andere Geschlecht ausgeschlossen werden. Ähnliche »blinde« Verfahren sollten auch in Organisationen eingeführt werden, damit sie weiterhin erfolgreich bleiben. Das fängt schon bei einer gendergerechten Sprache an. In der Gegend um den Großglockner gibt es einen Berg namens Böses Weibele (3119 Meter). Nirgendwo in den Alpen hat man aber einen Berg Böses Männchen genannt – das hängt sicher damit zusammen, dass es ausschließlich Männer waren, die damals die Berge bestiegen und die Karten verfassten.

Unsere Gesellschaft hat sich in den letzten Generationen rasend schnell verändert, dementsprechend muss sich auch das Anforderungsprofil an Leadership verändern.

■

Transformationale Führung, bei der es nicht mehr um individuelle, gar egoistische, kurzfristige Ziele geht, sondern um langfristige, übergeordnete, braucht maskuline und feminine Führungseigenschaften. Und es braucht hohe Standards an Führungsfähigkeiten, um Menschen zu führen, zu motivieren und ihre Kreativität zu entfalten. Dazu bedarf es einer Veränderung vieler Prozesse, besonders dort, wo die Angst vor solchen Transformationen groß ist.

Lange wurde angenommen, dass Frauen die Voraussetzungen für Führung und Verantwortung fehlen würden, sie würden nicht ausreichend Qualifikationen und Fähigkeiten mitbringen. Wer jedoch noch immer so denkt, tut der Wirtschaft Schaden an, großen Schaden.

Das McKinsey Global Institute führt seit 2007 eine Reihe von Studien durch, die unter dem Titel »Women Matter« veröffentlicht werden. »Women Matter« soll dazu dienen, ein Umdenken in internationalen Führungsetagen voranzutreiben, in der Überzeugung, dass Frauen unverzichtbare Leistungen erbringen und schon früh Führung übernehmen sollten (Female Leadership). Hier wird aufgezeigt, dass wir weit entfernt von einer Geschlechterparität sind, Frauen sind in der Wirtschaft und in den Führungsetagen von Unternehmen und Organisationen noch immer stark unterrepräsentiert. Die Studien belegen aber auch, dass Gender Diversity entscheidende Vorteile für den Unternehmenserfolg bringt und dass gemischte Teams bessere wirtschaftliche Ergebnisse erzielen. Denn Frauen, die ja 50 Prozent der Weltbevölkerung ausmachen, erzielen nur 37 Prozent des Bruttoinlandsprodukts (BIP). Es würde folglich die Wirtschaft wachsen, wären Frauen am Arbeitsplatz gleichberechtigt. Mit anderen Worten:

> Ein Unternehmen kann nur zukunftsfähig sein, wenn das Topmanagement sich darauf einstellt, dass ein Kulturwandel nötig, eine Zusammenarbeit von Frauen und Männern unverzichtbar ist. ■

Dazu ist ein starkes Engagement erforderlich. Die »Genderlücke zu reduzieren« ist nämlich auch notwendig, um dem Fachkräftemangel zu begegnen.

Laut der neuesten »Women Matter«-Studie denken 88 Prozent der befragten Mitarbeiter, dass ihr Unternehmen nicht das Richtige tue, um ein Gleichgewicht von Frauen und Männern in Führungspositionen zu erreichen. Regierungen und Unternehmen müssen zusammenarbeiten, um die traditionellen Hürden für Frauen zu senken. Es sollte neu über andere Führungsstile und flexiblere Arbeitsmodelle nachgedacht werden.

7.3 Frauen in Aufsichtsräten und Vorständen

Zwischenzeitlich haben wir ein Gesetz, nach dem ein Frauenanteil von 30 Prozent im Aufsichtsrat großer Kapitalgesellschaften Pflicht ist. Laut dem Managerinnen-Barometer, das regelmäßig vom Deutschen Institut für Wirtschaftsforschung (DIW) erhoben wird, ist in den 100 umsatzstärksten deutschen Unternehmen im Jahr 2018 der Anteil von Frauen in den Aufsichtsräten um gut drei Prozentpunkte auf 28,4 Prozent gestiegen; in den 200 größten Unternehmen war der Anteil knapp 27 Prozent und damit ein Plus von 2,3 Prozentpunkten. Dennoch: Die vom DIW untersuchten Unternehmen halten sich an die gesetzlich verordneten Frauenquoten in den Aufsichtsräten, sie stellen aber darüber hinaus kaum mehr Frauen ein.

Das *manager magazin* zeichnete im April 2019 die 100 einflussreichsten Wirtschaftsfrauen in der Republik aus, sie managen und kontrollieren Konzerne, leiten erfolgreiche Gründerfirmen oder große Dienstleistungsunternehmen (bei zehn von ihnen war ich ihr Ausbilder). Wenn das alles auch nur ein Anfang ist, es scheint sich tatsächlich etwas zu bewegen. Die Politik ist hier Vorreiter – denn nirgendwo finden wir in professionellen Organisationen einen solch hohen Frauenanteil.

Anders als für Aufsichtsräte gelten für Vorstände von börsennotierten Unternehmen keine gesetzlichen Geschlechterquoten. Es gibt viele Diskussionen darüber, für und wider. Ich selbst möchte mich gegen eine solche gesetzliche Regelung aussprechen. Sie würde dazu führen, dass Frauen nur aufgrund ihres Geschlechts in Führungsgremien berufen werden und dann möglicherweise mit Scheinfunktionen betraut werden.

In den letzten fünf Jahren ist die Zahl der Frauen in Vorständen börsennotierter Unternehmen (circa 160 Aktienkonzerne) von 5,1 Prozent auf 8,6 Prozent gewachsen. In den 30 DAX-Konzernen sogar um fast zwölf Prozent. Bemerkenswert ist die Aufgabenverteilung der weiblichen Vorstände. Ein Drittel ist für operative Bereiche zuständig, ein Viertel verantwortet die Personalführung und gut ein Fünftel den Finanzbereich. Von Alibivorständen kann hier keine Rede sein.

Unverändert gering bleibt die Anzahl weiblicher Vorstandsvorsitzender:

> Nur vier der 160 börsennotierten Konzerne werden von einer Frau geführt. ■

Ich kenne aber durchaus einige weibliche Führungskräfte, die das Zeug zur Vorstandschefin hätten, und ich schätze, dass wir in den nächsten fünf Jahren auch bei uns sehen werden, was bei IBM oder General Motors schon praktiziert wird (bei IBM ist Virgina Rometty seit 2012 CEO, bei General Motors Mary Barra seit 2014).

Frauen müssen oft noch hohe Barrieren überwinden. Als ich vor Jahren eine hochbegabte Biologin, Dr. Meike Braun, zu einem Team im Werk für Schwerlaster in Wörth sandte, bekam ich einen Anruf vom dortigen Werksleiter, ob ich denn verrückt sei, die junge Frau zu den Truckern zu schicken. Wir vereinbarten eine dreimonatige Testphase, und siehe da, nach dieser Testphase wollte der Klient Meike unbedingt weiter im Team behalten - und sie wollte auch gern bei den Truckern bleiben. Sie arbeitete mit ihnen über ein Jahr und wurde zu einer äußerst geschätzten Projektleiterin.

Für mich ist klar, dass eine frauenfreundliche Arbeitszeitgestaltung (Teilzeit, Homeoffice etc.) erheblich mehr Frauen für Organisationen attrahiert und sie so auch in Führungspositionen aufsteigen lässt. Damit werden nicht nur Produktivitätssprünge, sondern ebenso positive Kulturveränderungen bewirkt. An der Herausforderung, mehr Frauen in Führungspositionen zu bringen, hat sich also nichts geändert.

7.4 Homosexuelle und »diverse« Führungskräfte

1960 schickte McKinsey einen Associate aus dem New Yorker Büro, nachdem er sich zu seiner Homosexualität bekannt hatte, zu einer permanenten »medizinischen Behandlung« ins Krankenhaus. Der Betroffene war Henry Golightly, ein Freund von Truman Capote (Holly Golightly heißt übrigens Capotes Heldin in *Frühstück bei Tiffany*). Danach war Homosexualität für lange Zeit ein Tabu.

Als ich 1995 ein Memo verteilen sollte, in dem darauf hingewiesen wurde, dass »Diversity Meetings« in Florida für homosexuelle Teammitglieder stattfanden, wollte ich das nicht tun, da ich der Meinung war, dass wir in Deutschland keine schwulen Mitarbeiter hätten. Zwei Jahre später traf ich einen jungen Kollegen, der nach New York gegangen war, weil er es nicht mehr ausgehalten hatte, wenn sich am Montagmorgen im Teamraum alle über die Wochenenderlebnisse mit ihren Freundinnen und Familien unterhielten und er dazu schweigen musste. Es war für mich eine Lektion. Wir ermunterten die Kolleginnen und Kollegen, zu ihrer Neigung zu stehen, zu dem Geschlecht, in dem sie sich wohlfühlten.

Mehrfach hatte ich eine lesbische Assistentin, denn Frauen gingen nach außen hin sehr viele offener mit ihrer Sexualität um als Männer. Und wir beförderten Kollegen oder Kolleginnen zum Partner, die dann auf Feiern mit ihrem Lebensgefährten oder ihrer Lebensgefährtin auftauchten. Heute gilt McKinsey als Vorreiter in diesen Dingen. Man respektiert die Ausdrucksform der Einzelnen, hat über 25 Jahre Erfahrung mit dieser Praxis und begeht in 70 Offices einen »Day of Pink«, einen Anti-Mobbing-Tag. Und man fördert eine Gruppe von Führungskräften, die sich in einem internationalen homosexuellen Netzwerk gefunden haben und sich jährlich treffen. Zudem gibt es die LGBTQ Nation (Lesbian, Gay, Bisexual, Tansgender und Queer), in der über 150 Organisationen Mitglied sind.

Während der letzten zehn Jahre entwickelte sich Microsoft zum Pionier im Hinblick auf vielfältige Arbeitsumgebungen: Schwule Mitarbeiter aus Fernost (insbesondere Australien) bekommen, wenn sie sich für die USA als Arbeitsplatz entscheiden, einen Bonus für ihre Partner, Sprachkurse und Integrationshilfen.

Auch bei uns gibt es Veränderungen, was Homosexualität und Führung betrifft: Politiker wie Jens Spahn, Guido Westerwelle oder Klaus Wowereit standen und stehen offen zu ihrer Homosexualität. Bei deutschen Unternehmen ist dieses

Thema aber noch nicht angekommen. Da sind die Amerikaner ebenfalls weiter. Apple-Chef Tim Cook – in den Vereinigten Staaten ist Apple das am höchsten bewertete Unternehmen – outete sich vor einigen Jahren als schwul. Ein Grund mehr, um einen offenen Umgang mit Sexualität in Firmenstrukturen zu berücksichtigen. Immerhin kennt man seit über 2000 Jahren verschiedene Formen von Sexualität, das sollte man doch nicht ignorieren.

Man kann also die interne Kultur einer Organisation mit solch einer offenen Einstellung nachhaltig positiv beeinflussen. Ich weiß noch, wie ich in meinem letzten Lehrjahr bei der Deutschen Shell mitbekam, dass der Leiter des Tanklagers »ein 175er« sei. Psst! Für mich war er ein äußerst liebenswürdiger Mann Anfang 50, und von Zeit zu Zeit erhielt er Anrufe von seinem ausländischen Freund; danach wurde in dem 70-Mann-Betrieb getuschelt und getratscht. Der Paragraf 175 des Strafgesetzbuchs bestand noch, und in der Adenauer-Republik war Homosexualität ein No-Go. Man wusste zwar, dass in der Theaterszene oder beim Ballett schwule Schauspieler beziehungsweise Tänzer mitwirkten, aber die »normale« Welt war hetero und verachtete Homosexuelle. Zum Glück hat sich das in unserer Gesellschaft nachhaltig geändert – und es ist normal geworden, einen schwulen Oberbürgermeister, einen schwulen Außenminister oder einen schwulen Gesundheitsminister zu haben. Allerdings sind das erst kleine Anfänge. Thomas Hitzlsperger vom VfB Stuttgart outete sich erst, als seine aktive Fußballerkarriere vorbei war.

Unternehmen sind gut beraten, wenn sie offen mit Homosexualität, überhaupt mit unterschiedlichen Geschlechtsidentitäten umgehen – und qualifizierte Mitarbeiter und Mitarbeiterinnen mit anderer sexueller Orientierung fördern.

■

8

Männlich, militärisch

Es war das Jahr 1976, und ich sollte als junger Partner bei einem McKinsey-Partner-Meeting auf den Bahamas meine Jungfernrede über neue Entwicklungen im Strategiebereich halten. Ich hatte gerade ein Projekt für das Geschäftsgebiet »Leuchten« abgeschlossen: Siemens sollte nach unserer Strategie einen Angriff im französischen Leuchtenmarkt starten und so die heimischen Anbieter aus dem Markt drängen.

Ich verwendete Schaubilder, die zeigten, wie deutsche Kanonen über den Rhein donnerten und eine demoralisierte französische Gegnerschaft trafen. Die Zerstörung der Gegner sollte den Widerstandswillen der französischen Hersteller treffen, genau wie es der preußische Generalmajor Carl von Clausewitz es in seinem Buch *Vom Kriege* sinngemäß beschrieben hatte.

Leider ging der Schuss für mein Standing nach hinten los. Es gab kaum Beifall für meine Performance. In der Pause hörte ich, wie gesagt wurde: »Die Deutschen werden sich niemals ändern.« Oder: »Was zur Hölle hat das überhaupt mit professioneller Beratung zu tun?« Selbst Marvin Bower, oberster Chef von McKinsey, schrieb mir einen Brief:

> »Lasst die militärischen Vergleiche weg – fürs Business und für unseren Consulting-Job sind sie von begrenztem Nutzen.«

■

Danach gehörte ich zwar nach wie vor zu den interessierten Lesern von Büchern über Militärgeschichte, aber ich habe in der Tat die Nutzbarkeit für meinen Beruf des Consultants sehr relativiert.

Dennoch: Das Militär hat die mit großem Abstand umfassendste Führungserfahrung. Seit Jahrtausenden müssen Soldaten geführt, Waffen vorbereitet, Feldzüge geplant und Verteidigungsschlachten durchgeführt werden. Und die komplette Logistik muss stimmen. In der Mehrzahl sind uns heute militärische Geschichten aus der Zeit der Griechen und Römer bekannt – und häufig haben geniale Schachzüge wie zum Beispiel das Trojanische Pferd aus der griechischen Mythologie Eingang in das Wissen der Militärgeschichte gefunden.

8.1 Militärische Führung

Das militärische Handeln und seine Begründung haben in Deutschland eine lange Tradition. Der preußische Militärreformer Gerhard David von Scharnhorst formulierte einst: Tradition der Armee habe es zu sein, an der Spitze des Fortschritts zu marschieren.

Liest man *Vom Kriege*, in dem sich von Clausewitz mit der Theorie des Krieges auseinandersetzt, so kann man viele strategische Dimensionen des Angriffs und der Verteidigung nachvollziehen. Wenn man die richtungsweisenden Verfahren, Strukturen und Prinzipien, die heute noch Bedeutung haben (etwa die moderne Stabsarbeit, das Führen mit Auftrag, das Führen von vorne oder das Generalstabswesen), betrachtet, so sieht man in der Tat viele Parallelen zu Unternehmen.

Zwischen militärischer Führung und Führung im Unternehmen gibt es viele Parallelen.

Die Stabsarbeit ist nahezu eins zu eins in die großen Unternehmen übernommen worden. Die Idee einer aus Menschen bestehenden Stütze für Führungspersonen differenziert und konkretisiert in Beratung und operative Unterstützung. Heute sind Stäbe in vielen zivilen Bereichen anzutreffen, von den Einsatzorganisationen (Polizei, Feuerwehr, Rettungsdienste) über große Wirtschaftskonzerne, Verwaltungen bis zu Kirchen und Krankenhäusern. Begründet wurde und wird die Einrichtung von Stäben damit, dass komplexe Strukturen nicht mehr durch einsame Führung und unsystematische Planungs- und Entscheidungsvorbehalte dominiert werden.

Beim »Führen mit Auftrag« gibt der militärische Führer den Soldaten das Ziel, den Zeitansatz und die benötigten Kräfte vor, ansonsten agiert der so Geführte selbständig. Das ist ein Führungsprinzip, das insbesondere bei Produktneueinführungen häufig zur Anwendung kommt, hier werden auch nur die Rahmenbedingungen vorgegeben. Die militärische Auftragspraxis hatte letztlich aber auch zum Inhalt, dass eine Kompanie einen Brückenkopf verteidigen musste, und der Kompaniechef hatte in der jeweiligen Situation die entsprechenden Entscheidungen zu treffen, also über den Einsatz seiner Mannschaft, die Nutzung der Waffen, über Angriff oder Rückzug. Es ging in diesem Fall um Ergebnisorientierung. Meiner Meinung nach hat diese Art der Auftragspraxis im zivilisatorischen Bereich ebenfalls große Relevanz, es trainiert den mündigen Unternehmer in den Tochtergesellschaften, zumal wenn sie in Übersee liegen. Und sie verkürzt die laufenden Befehls- und Kontrollstränge.

Das Führen von vorne ist ein operativ-taktisches Konzept, bei dem die einzelnen Waffengattungen übergreifend wirken, oftmals auch unterstützt durch die Nachrichtentechnik. In der Wirtschaft wird dieses Konzept besonders bei technologischen Erneuerungen, bei einer vernetzten Operationsführung diskutiert. Das Generalstabswesen wiederum ist häufig in Person des Chief Financial Officer begründet.

Schon in jungen Jahren hatte mich die Frage umgetrieben, ob man von der militärischen Führung Lektionen für das Management von Unternehmen übernehmen konnte. Mein Vater hatte den gesamten Zweiten Weltkrieg mitgemacht, mein Großvater väterlicherseits den Ersten Weltkrieg, und mein Urgroßvater hatte im Deutsch-Französischen Krieg von 1870 bis 1871 gedient. Mein Vater sprach jedoch nur sehr ungern von seinen Kriegserlebnissen. Auf mein mehrfaches Nachfragen kam einzig heraus, sein Erfolgskonzept sei gewesen, »nicht aufzufallen«. Folglich war ich eigentlich recht froh, als ich 1960, nach der Musterung, den Musterungsgrad 4 erhielt (nur im Kriegsfall tauglich) und so meine dreijährige Lehrzeit beginnen konnte.

Auf der Höheren Wirtschaftsfachschule im westfälischen Siegen las ich die Werke des preußischen Generalfeldmarshalls und Heeresreformers August Neidhardt von Gneisenau sowie die von Clausewitz, und irgendwann beschäftigte ich mich auch mit den Gedanken des großen chinesischen Militärstrategen Shu Zen. Ich war inzwischen überzeugt davon, dass die über 2000-jährige Geschichte des Militärs wertvolle Hinweise für das Management geben konnte.

Die Bundeswehr wurde 1955 auf Drängen der US-Amerikaner etabliert – und mutierte zur »Schule der Nation«. In den Anfangsjahren waren sehr viele ehemalige Wehrmachtsoffiziere in den Diensten der Bundeswehr, und so scheint die Story, nachdem General Charles de Gaulle einst bei Kanzler Konrad Adenauer vorsichtig monierte, dass doch sehr viele

Ex-Wehrmachtsoffiziere in der neuen Bundeswehr seien, und der Rheinländer ihm entgegnete: »Da haben Sie recht, Herr de Gaulle, nur ich hab keine anderen«, sinnbildlich für den schwierigen Neuanfang.

8.2 »Zwischen Ballern und Business«

2017 gab es einen Artikel in der *WirtschaftsWoche*, in dem von Astrid Dörner und Claudia Obmann zum Ausdruck gegeben wurde, dass Managementseminare im Armeestil in den USA angesagt, in Deutschland jedoch umstritten sind. Die Feststellung lautete:

> »Tatsächlich können zivile Chefs vom Militär lernen. Doch es gibt Grenzen der Übertragbarkeit zwischen Ballern und Business.«

Oliver Bäte, Konzernchef der Allianz, hatte kurz vor Erscheinen des Artikels rund 200 internationale Führungskräfte des Versicherungsunternehmens mit einer ungewöhnlichen Maßnahme während eines Strategiemeetings überrascht. Bäte hatte über Vereinfachung von Prozessen im Konzern referiert, danach stürmten in Tarnanzüge gekleidete US-Militärs die Bühne. Die Versicherungsmanager erhielten zum Beispiel Landkarten und mussten entscheiden, welche Flugzeuge sie einsetzen wollten, um eine Rettungsmission abzuschließen.

Die Coaching-Truppe bestand aus ehemaligen Kampfpiloten und Mitgliedern von Spezialeinheiten des US-amerikanischen Militärs wie den legendären Navy Seals. Bei ihrem Vorgehen ging es um »Decision Making«, einem Einüben von schnellen und transparenten Entscheidungsabläufen nach

Vorbild des US-Militärs. Wenngleich die Reaktion in der Öffentlichkeit eher negativ war (was hat das Militärische in Unternehmen zu suchen?), scheint die interne Reaktion jedoch positiv gewesen zu sein. Die Versicherungsmanager fanden das toll.

US-Konzerne wie Google, Microsoft und General Motors orientieren sich bei ihren Entscheidungsabläufen am US-Militär. ■

Schon 1995 funktionierten wir anlässlich eines Partner-Meetings in Arizona eine Nachmittagsveranstaltung nach militärischem Drill um – immerhin waren inzwischen 20 Jahre seit meiner Jungfernrede vergangen. Wir kletterten in Teams über Hindernisse, da man sie allein nicht schaffen konnte. Wir hingen an Trapezseilen und mussten auch hier einander helfen. Wir robbten durch stachligen Untergrund und mussten alle zusammen ankommen. Es war ein großer Erfolg hinsichtlich Teambuilding und unversehrtem Ablauf.

Bei McKinsey hatten wir die Erfahrung gemacht, dass Menschen, die gedient hatten, häufig besonders gut mit Klienten »konnten« – und dass ihre Teamintegration bestens funktionierte. Erst kürzlich stellte ich fest, dass unter meinen Similauner Freunden eine ganze Reihe gedient hatten – und mir aus ihrem kameradschaftlichen Verhalten vieles klar wurde.

8.3 Macrons einstiger General

In der Zeit vor dem Ersten Weltkrieg waren in Deutschland die militärischen Führer auch im zivilen Leben äußerst anerkannt. Alfred von Schlieffen und Paul von Hindenburg standen für erfolgreiche Generäle, und ihre Taten wurden in den

Geschichtsbüchern verherrlicht. Verständlich, dass dies nach zwei grausamen Kriegen einer Zivilgesellschaft nicht mehr zu vermitteln ist.

Anders in den USA und in Großbritannien, und in jüngster Vergangenheit auch in Frankreich: Pierre de Villiers war bis zu einem Disput mit Emmanuel Macron oberster General der französischen Armee, dann begann er mit 61 seine Karriere als Bestsellerautor. Er veröffentlichte 2018 sein Buch *Qu'est-ce qu'un chef?* (»Was ist ein Chef?«), in dem er auf 40 Jahre als Soldat zurückblickte. Seine Anleitungen zum Chef-Sein verkauften sich über 150 000-mal, und seine Erkenntnisse lauteten: Der Chef ist der Repräsentant einer Gruppe, er verkörpert sie, seine erste Qualität ist die Autorität, die auf dem Verständnis beruht, dass man nichts ist ohne die anderen. Ein Chef übernimmt Verantwortung, damit es allen besser geht. Autorität ist nichts spezifisch Militärisches, sie ist das Band, das jede Gesellschaft zusammenhält.

Man muss den Menschen wieder ins Zentrum stellen, so erklärt der Ex-General vehement:

> »Ein guter Chef muss selbstlos sein. Und wenn der eine Weg nicht klappt, dann mag das Timing nicht stimmen, und er versucht es eben anders.«

Es verwundert kaum, wenn viele Franzosen sich solch einen überzeugenden Mann als Chef im Élysée-Palast vorstellen können.

Egon Overbeck, früherer Mannesmann-Boss und einstiger Generalstäbler, erzählte mir einmal: »Ich habe im Generalstab nach drei Führungsprinzipien gehandelt. Wenn du einen belobigst, dann schau, dass möglichst viele dabeistehen und es hören. Wenn du einen tadelst, dann immer nur unter vier Augen, und wenn einer zu dir kommt und sich beschwert, dann sagt das meist sehr viel mehr über ihn selbst aus als über denjenigen, über den er sich beschwert.

Diese Prinzipien habe ich mir zu eigen gemacht – und für mich ein viertes hinzugefügt:

»Lass andere glänzen!«

So oft es ging, überließ ich anderen das Podest. Es hat mir eine Menge gegeben, wenn ich sah, wie Menschen wuchsen, wenn ihre Leistungen herausgehoben und gewürdigt wurden.

Ohnehin darf man – so meine Überzeugung – in einzelnen funktionalen Bereichen wie etwa Logistik oder Maintenance durchaus von den praktischen Lehren des Militärs lernen. Und gerade derjenige, der ein Team zusammenhält, kann durch militärische Tugenden deutlich gefördert werden.

Die Führungsphilosophie ist das Gebiet, auf dem sich Manager aber am meisten vom Militär abschauen können. Seit der Antike sind wesentliche Grundlagen für Anführer Vorbild und Vertrauen. Die wichtigste Maxime bei einem militärischen Führer lautet nicht: »Vorwärts«, sondern: »Folgt mir.« Gute militärische Führer können Korpsgeist erzeugen – und sie bleiben gelassen in Stresssituationen. Sie sind gewohnt, zu delegieren und Ressourcen einzuteilen.

Außerdem sind sie darin geübt, klar zu kommunizieren und Informationen strukturiert an die unterstellten Soldaten weiterzugeben.

Allerdings muss auch festgehalten werden, dass das übergeordnete Ziel bei Unternehmen die Gewinnerzielung (mit begrenzten Mitteln) ist, während beim Militär der Verteidigungsauftrag der der Landesverteidigung ist. Es sind grundsätzlich andere Voraussetzungen – und somit ist die praktische Anwendung militärischer Erkenntnisse in der heutigen Zeit doch recht limitiert. Der Befehl, das Kommando, entspricht in der praktischen Unternehmenswelt immer weniger der Realität – wir haben es mit mündigen Bürgern zu tun. Und die »innere Führung« der Bundeswehr hilft hier auch nicht als Anschauungsunterricht.

Meine ehemalige Kollegin Katrin Suder übernahm 2014 im schwierigen Verteidigungsministerium die Beschaffungsfunktion als Staatssekretärin. Und es bedurfte keiner großen Analysen, um festzustellen, dass wir seit Jahren mehr Auslandseinsätze mit viel mehr Soldaten machen, dass wir in Polen ein NATO-Hauptquartier aufbauen und immer weniger in Rüstungsgüter investieren. Heute haben wir weniger Panzer als die Schweiz. Wir sind große Pazifisten geworden und wollen eher mit humaner Hilfe als mit Schießen etwas zu tun haben.

Als Katrin Suder sich noch dazu traute, bei den neuen Fregatten eine internationale Ausschreibung zu machen, hatte sie sich den guten Willen der Rüstungsindustrie verspielt. (»Glauben Sie ja nicht, dass Sie nach Ihrer Karriere beim Bund noch einen Job in einem Rüstungskonzern bekommen.« Mit ihrer hoch professionellen Einstellung schaffte sie es, dass der Anschaffungspreis pro Fregatte um 25 Prozent niedriger ausfiel.

9

Führung in Zeiten des Umbruchs

Wir befinden uns mitten im Umbruch. Praktisch die ganze Wertschöpfungskette - von der Entwicklung bis zum Vertrieb und zum Service - löst sich auf. Das, was früher im nationalen Umfeld geschah, passiert heute global. Und das bedeutet, dass sich auch die Grundstruktur der Unternehmen diesem Wandel anpasst. Es gibt die nationalen Forschungslabors und die internationalen Forschungs- und Entwicklungspartnerschaften, das »go alone« existiert neben dem »not invented here«, es gibt die Mutterschiffe der deutschen Werke und die Vielzahl der Auslandswerke, die eigene Logistik und die Partnerschaften mit unterschiedlichen Logistikanbietern, den eigenen Vertrieb und Service sowie den Vertrieb und den Service mit Fremdfirmen.

Wenn man sich dann noch die globale Natur der Wertschöpfung über zig Länder und die Vielzahl der Produkt- und Servicekategorien ansieht, so bekommt man eine Vorstellung von der kaum überschaubaren Komplexität. Und wenn man dann mit einem Mix aus Town Hall Meetings, großen Partnerversammlungen, Kundengruppenveranstaltungen die eigene Führungsmannschaft steuern und das Risikoprofil des eigenen Unternehmens unter Kontrolle haben will, so versteht man, dass Soziologen von einer Bienenstaatorganisation sprechen.

Zudem gibt es ständig neue Produkt- und Serviceangebote, neue Wettbewerber, neue Regularien etc. Was gestern noch als fest gefügt und richtig angesehen wurde, gilt heute gar nicht mehr oder nur noch eingeschränkt.

Die wesentlichen Herausforderungen der aktuellen Entwicklung sind:

- Die Segnungen der Globalisierung und der kritische Blick unserer Tage
- Die Digitalisierung aller Lebensbereiche und die Frage nach der Beherrschbarkeit der technologischen Weiterentwicklung
- Geringe Wettbewerbsvorteile durch Geschwindigkeit
- Der demografische Wandel und die Genderproblematik
- Die VUCA-Welt (Volatilität, Unsicherheit, Komplexität sowie Ambiguität) und ihre Auswirkungen

■

Vor diesem Hintergrund wird Führung immer wichtiger.

9.1 Die Segnungen der Globalisierung und der kritische Blick unserer Tage

Seit der britische Wirtschaftswissenschaftler David Ricardo die Theorie der komparativen Kosten entwickelt hatte und Studenten in Volkswirtschaft lernen mussten, dass es einen gesteigerten Wohlstandsgewinn ergab, wenn sich die Portugiesen auf die Weinherstellung und die Engländer auf die Herstellung von Tüchern konzentrierten und beide mit ihren Spezialprodukten eifrig handelten, wurde die internationale Arbeitsteilung weiterentwickelt. Globalisierung galt fortan als die Erfolgsformel für internationales Handeln und Wohlstand.

Landwirtschaftlich geprägte Länder wie Frankreich und Italien zogen aus dem Handel mit industriell geprägten Ländern wie England und Deutschland bereits vor 140 Jahren viele Wohlstandsgewinne. Je mehr internationale Handelsströme erleichtert wurden, desto höher wuchs das jeweilige Volkseinkommen. Das Gegenteil galt auch: Als sich in den 20er-Jahren einige Länder mit Zollschranken schützten, war das Ergebnis, dass sich die liefernden Exportländer ebenfalls mit Zöllen schützten. Der internationale Handel ging drastisch zurück.

Nimmt man beispielsweise die Europäische Union als Modellfall der Globalisierung, dann zeigt sich, dass der Unterschied vom reichsten Land (Luxemburg) zum ärmsten Land (Griechenland) 1970 noch sieben zu eins (gemessen am Pro-Kopf-Einkommen) betrug, während er 35 Jahre später nur noch drei zu eins betrug. In diesem Fall die Niederlande zu Portugal. Wir sehen also erhebliche Wohlstandsgewinne und eine Kompression der Unterschiede zwischen den Volkswirtschaften.

Es lässt sich an vielen Beispielen nachvollziehen, dass Zölle beziehungsweise nicht tarifäre Handelshemmnisse den Wohlstand reduzierten, während über die letzten 30 Jahre Zollsenkungen sowie der Abbau nicht tarifärer Schranken nahezu ständig zu Wachstumsraten im Handel führten, die doppelt so hoch waren wie die normalen Wachstumsraten des Bruttosozialprodukts.

Die Theorie lieferte zwischenzeitlich die Begründungen dafür, und so konnte durch

- eine weitgehend freie Zollunion für Produkte und Services,
- eine weitgehend freie Union für Kapitalverkehr und
- eine weitgehend freie Union für Personalbewegungen

eine Entwicklung geschaffen werden, die ständig neue Handelswege erschloss. Während noch vor 30 Jahren 80 Prozent des Welthandels in der Region USA – EU – Japan stattfand, hat sich dieses Bild heute nachhaltig verändert. China und andere asiatische Länder sind heute bedeutende Spieler im internationalen Konzert geworden (Bild 9.1). Auch die EU wuchs auf (noch) 28 Länder, und das postkommunistische Russland und seine ehemaligen Satelliten sowie der arabische Raum haben zur völligen Neugestaltung beigetragen.

Das führte nicht nur zu beträchtlichen Veränderungen in absoluten Zahlen, sondern auch zum Aufbau sehr differenzierter Wertschöpfungsketten über Ländergrenzen hinweg. In den letzten Jahren lieferte VW jedes dritte Auto nach China, und auch bei Daimler und BMW waren es circa 20 Prozent mehr gegenüber den verschwindend geringen Mengen von vor zehn Jahren.

Das alte Modell bestand darin, dass der Kaufmann der Flagge folgte, was meinte, dass erst die Regierung die Handelswege mit Botschaften und dem einen oder anderen Handelsattaché entwickelte, dann erst zogen die Kaufleute nach. Dieses Modell hat sich ins Gegenteil verkehrt. Die Flagge folgt dem Kaufmann, der Kaufmann entwickelt die Auslandsmärkte und die Politik zieht nach. Nicht selten hat Globalisierung dazu geführt, dass der Führungskader eines großen Unternehmens aus mehr als fünf Nationalitäten besteht und – bedingt durch internationale Akquisitionen – noch weiter ausgedehnt wird. So beschäftigt Siemens heute gerundet 268 000 Mitarbeiterinnen und Mitarbeiter im Ausland, davon knapp 21 000 Führungskräfte.

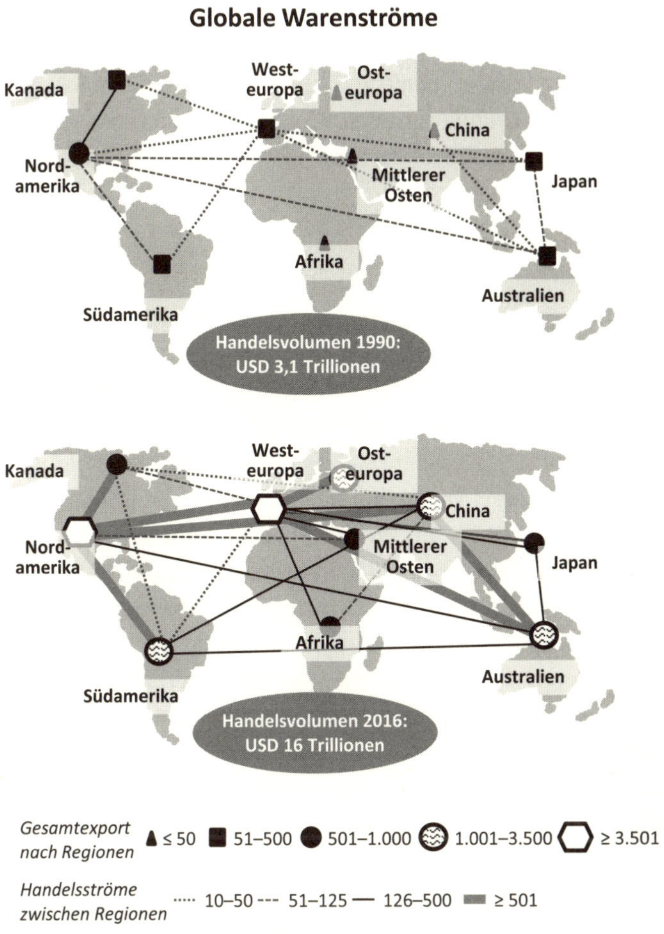

Quelle: UN Comtrade; Weltbank Weltentwicklungsindikatoren; Zahlungsbilanz des Internationalen Währungsfonds. McKinsey & Company, 2018.

Bild 9.1 Die globalen Handelsbeziehungen dehnen sich immer mehr aus und die Verbindungen werden immer enger

Und wenn wir sehen, wie heute in 15 Tagen Waren von Leipzig nach Peking per Bahn verschickt werden (per Schiff dauert es sieben Wochen), wie die Chinesen an ihrer neuen

Seidenstraße durch Asien bauen, wie Investments in Häfen, Flugplätzen getätigt werden, so wird deutlich, dass das Modell »Mehr Handel schafft mehr Wohlstand« heute noch gilt. Und es bedarf keiner großen Prognosefähigkeit, um vorherzusagen, dass in ungefähr zehn Jahren China die dominante Volkswirtschaft sein wird.

So weit, so gut.

Das McKinsey Global Institute trieb dieses Mantra – »Mehr Handel schafft mehr Wohlstand« – beharrlich voran. Die These war: Wer signifikante Produktivitätsvorteile hat, ist der Gewinner – und die Benchmark-Industrien der einzelnen Volkswirtschaften sind das praktische Beispiel dafür. Das Global Institute zeigte etwa, dass in den 90er-Jahren der Produktivitätsunterschied beim Hausbau zwischen Holland und Deutschland über 40 Prozent betrug (zulasten Deutschlands). Dass die Konsumgüterindustrie und der Einzelhandel in Frankreich um rund 25 Prozent effektiver waren als in Deutschland. Aber auch, dass in Russland noch 2006 fast durchgängig in der Industrie 60- bis 70-prozentige Produktivitätsnachteile gegenüber dem europäischen Durchschnitt existierten.

Ja, es gab die Demonstrationen, etwa beim G-20-Gipfel in Hamburg 2017, die Ausschreitungen sind noch in jedermanns Erinnerung. Aber zwischenzeitlich sind es nicht mehr nur die Krawallmacher, die ihre Bedenken zum Ausdruck bringen. Der französische Wirtschaftswissenschaftler Thomas Piketty hat zum Beispiel in seinem Buch *Das Kapital im 21. Jahrhundert* gezeigt, dass Menschen, die Kapital haben, mehr Wohlstand anhäufen können als solche, die nur auf ihre Arbeitskraft bauen. Er hat nachgewiesen, dass die Unterschiede zwischen Reich und Arm innerhalb der einzelnen Volkswirtschaften zunehmen, dass eine alternde Bevölkerung von zunehmender Altersarmut bedroht ist und dass das Mantra der guten Globalisierung bedroht ist. Die Brexit-

Überlegungen sind ein Beweis dafür, dass trotz eindeutig vorteilhafter Handelsbedingungen ein Ausstieg aus der EU eine knappe Mehrheit ergab. Auch wenn alle ernst zu nehmenden Volkswirte sagen, dass Großbritannien auf längere Sicht Wohlstandsgewinne einbüßen wird, dass wesentliche Fachkräfte abwandern und dass die Spannungen in Irland zunehmen werden, so wird vermutlich an einem wie auch immer gearteten Exit kein Weg vorbeiführen.

Und was bedeutet die Globalisierung für die Führung von Unternehmen? Während wir in der unmittelbaren Nachkriegszeit noch häufig funktional gegliederte Unternehmen hatten - oft galt das Primat der Produktion, das heißt, was produziert werden konnte, wurde auch verteilt -, entwickelten sich mehr und mehr selbstverantwortliche Divisionsgesellschaften. Und diese hatten häufig internationale Divisionen, teilweise auch autonome Tochtergesellschaften im Ausland. Die Führung musste international beschlagen sein, denn nicht nur die Kunden, sondern ebenfalls die Lieferanten und erst recht die Wettbewerber waren international.

In heutiger Zeit wählen viele Unternehmen ihre Praktikanten bereits nach internationalen Kriterien aus. Ein Beispiel: Google Europa sucht unter 1000 vorselektierten Praktikanten jährlich 60 aus, und diese arbeiten dann in den verschiedenen europäischen Gesellschaften. Und das gilt ebenso für alle Führungsebenen, bis an die Spitze: SAP wird von einem Amerikaner geführt, Henkel von einem Belgier, adidas von einem Dänen, Daimler von einem Schweden. Die nationale Herkunft ist zweitrangig geworden, genauso wie im Verlauf der Jahre die fachspezifische Ausrichtung an Bedeutung verlor (auch ein Nichtchemiker kann heute eine Chemiefirma führen, Gleiches gilt bei Pharmaunternehmen, Automobilkonzernen etc.).

Die Globalisierung fordert Präsenz auf den internationalen Kapitalmärkten, und so sind englische Telefonkonferenzen zur Erläuterung der Geschäftsergebnisse an der Tagesordnung. Allein 15 bis 20 Prozent der Zeit eines Chefs werden für die Pflege der internationalen Shareholder eingesetzt.

Gerade für Absolventen der Hochschulen, die heute in der Regel mehr als eine Fremdsprache sprechen und ein oder mehrere Semester im Ausland studiert haben, ist es entscheidend, bei Praktika beziehungsweise beim Berufseinstieg nach dem Bachelor- oder Masterabschluss in Unternehmen anzudocken, in denen Globalisierung schon praktiziert wird und sie quasi eine begleitende Entwicklung zur internationalen Führungskraft bekommen.

9.2 Die Digitalisierung aller Lebensbereiche und die Frage nach der Beherrschbarkeit der technologischen Weiterentwicklung

Seit die Rechner- und Speicherleistungen der Computer exponentiell angestiegen sind, sprechen wir von der Digitalisierung, die alle Lebensbereiche erfasst. Nach den Beobachtungen und Berechnungen von Gordon Moore, dem Begründer von Intel, verdoppeln sich die Computerleistungen alle 18 bis 24 Monate (Moore's Law) – und es scheint, dass wir noch nicht am Ende angekommen sind.

Die Prognosen über die verschiedenen Auswirkungen sind vielfältig und differenzieren hinsichtlich des Zeitablaufs, aber es lässt sich mit einiger Sicherheit sagen, dass der Einzelhandel durch die Digitalisierung in seiner Mittlerfunktion nachhaltig reduziert wird (man spricht schon vom »death of the middleman«), andere traditionelle Angebotsfunktionen wie Zweigstellen, Niederlassungen oder Stützpunkte wegfallen werden (noch existieren in Deutschland 12 000 Bankfilialen und 7800 Versicherungsagenturen), ebenso Sachbearbeiter wie Versicherungsangestellte, Makler, Kreditprüfer oder Buchhalter. Und wenn sie nicht wegfallen, so werden sie doch reduziert.

Spannend fand ich die Antrittsvorlesung von Professor Jörg Claussen im Institut für Strategie, Technologie und Organisation der Münchner Ludwig-Maximilians-Universität. In ihr ging es um Unternehmen der Zukunft, und er listete dafür einige Punkte auf:

- Sie brauchen keine Assets (Anlagevermögen).
- Sie setzen neben fest angestellten Mitarbeitern viele Freelancer ein.
- Sie holen sich viele Innovationen von externen Communitys.
- Sie lassen einfache Aufgaben durch Computer erledigen.
- Sie haben eine relativ geringe Fertigungstiefe, das heißt, man baut sehr stark auf externe Zulieferer.
- Es wird bei ihnen automatisiert, was nur automatisiert werden kann.

Der Grundgedanke, dass statt des linearen Denkens, dem wir seit Jahrhunderten anhängen, das exponentielle Denken Platz ergreift, mag an dem sattsam bekannten Beispiel über den indischen Maharadscha Shihram dargestellt werden. Weil unser Gehirn exponentielles Wachstum nur schwer erfassen kann, wir kaum begreifen können, wie hoch am Ende die Zahlen ausfallen, machte sich ein Ratgeber des Maharadschas dieses Unvermögen zunutze. Er schenkte seinem Herrn ein Schachspiel, und dadurch gerührt, wollte Shihram dem guten Mann einen Wunsch erfüllen. Der wollte aber kein Geld oder schöne Gewänder, wie man eigentlich erwartet hätte, sondern seltsamerweise Reis – und zwar so viel, wie man einem Schachbrett zuordnen könne. Der Weise forderte den Maharadscha also auf, auf dem ersten Feld des Schachbretts ein Reiskorn zu legen, dann zwei, dann vier, dann acht dann 16, also jeweils das Doppelte vom Vorherigen. Ungläubig verfolgte der Maharadscha diesem Treiben, bis ihm sein Ratgeber klarmachen konnte, dass auf dem 64. Feld so viele Reiskörner sein würden, wie in ganz Indien zu dem Zeitpunkt (drittes oder viertes Jahrhundert nach Christus) existent waren: 18 Trillionen, ein Reishaufen größer als der Mount Everest.

In ähnlicher Form ist ein Elfmeter linear eben ein Elfer, der genau elf Meter von der Torlinie entfernt ist. Nehmen wir elf Meter in einer exponentiellen Anordnung, also 11^{11}, so landen wir auf dem Mond. Nach Andrew McAfee bewegen wir uns in immer mehr Servicebereichen auf die zweite Hälfte des Schachbretts zu. Die exponentiellen Steigerungen scheinen kaum fassbar.

Und ähnlich erstaunlich erleben wir die Macht des Internets, bei dessen Gründung sich kein Mensch vorstellen konnte, dass es einmal große Gefahren beinhalten würde. Etwa in der Dominanz der sozialen Medien (Facebook hat bereits heute über eine Milliarde Nutzer) oder der Macht von Google (kein vergleichbarer Anbieter hat so viele Infos dokumentiert). Und wir erleben stets neue Disruptionen wie beispielsweise durch Uber, Airbnb oder Netflix.

Gerade Automobilunternehmen sind aktuell mit solchen Diskontinuitäten konfrontiert, unter ihnen fallen selbstfahrende Fahrzeuge, Sharing Economy (gemeinsame Nutzung von Ressourcen) oder Elektroautos – all das sind Entwicklungen, die durch die Digitalisierung beeinflusst werden und die das herkömmliche Konzept der Verbrennungsmotoren nachhaltig verändern. Allein in der Fertigung von Elektromotoren fallen im Vergleich zur Fertigung von Verbrennungsmotoren 80 Prozent der herkömmlichen Arbeitsplätze weg.

Betrachtet man die unter der Ägide von Burda-Managerin Steffi Czerny erfolgreich veranstaltete Serie »Digital Life Design« (DLD) in München – sinnigerweise wird die Veranstaltung jedes Jahr zeitlich direkt vor dem in Davos stattfindenden Weltwirtschaftsforum (WEF) durchgeführt –, dann erlebt man Hunderte Start-ups, die mit neuen Apps Geschäftskonzepte entwickelt haben, oder Investoren auf der Suche nach interessanten Investitionsmöglichkeiten. Und jedes Jahr treten Redner der Extraklasse auf (Sheryl Sandberg von Facebook oder Travis Kalanick von Uber). Alle Lebensbereiche stehen unter dem Signum der Digitalisierung, und so ist es durchaus denkbar, dass wir noch zu unseren Lebzeiten nicht nur Operationen mit künstlicher Intelligenz (Distributed Processing) sehen, sondern auch autonome Flugtaxis (Daniel Wiegand mit seinem Start-up Lilium sieht bereits in zehn Jahren senkrecht startende Flugtaxis im Einsatz), vernetzte Maschinen (insbesondere für Preventive Maintenance, also vorausschauende Wartung, oder zur Optimierung der Fertigungsflüsse).

Ein Überblick über die von der Digitalisierung beeinflussten Branchen zeigt dies auf (Bild 9.2).

Blicken wir vor diesem Hintergrund auf die Unternehmen unserer Provenienz, dann sehen wir, dass keines der großen Unternehmen heute an den Einflüssen der Digitalisierung vorbeigehen kann. Häufig sind Transformationsbeauftragte im Rang eines Topmanagers dabei, die absehbaren Auswirkungen der Digitalisierung zu analysieren und entsprechende Maßnahmen für die einzelnen Produktionsbereiche auszuarbeiten.

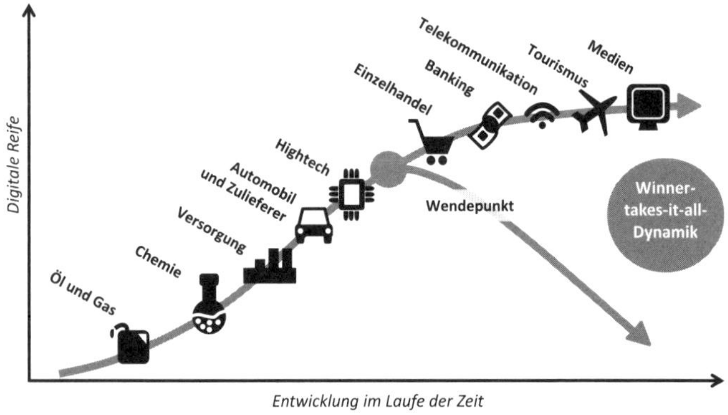

Quelle: Meffert, J.; Meffert, H.: *Eins oder Null. Wie Sie Ihr Unternehmen mit Digital@Scale in die digitale Zukunft führen*. Berlin 2017.

Bild 9.2 Die digitale Reife ist je nach Branche unterschiedlich

Ich erinnere mich noch an eine Tagung der Schmalenbach-Gesellschaft für Betriebswirtschaft 2017 in Köln, ich sollte auf ihr über die Einflüsse der Digitalisierung auf die Produktionsfunktionen sprechen. Rund 100 einflussreiche BWL-Professoren waren zugegen, unter anderem auch Horst Albach, die Ikone der deutschen Wirtschaftswissenschaft. Ich hatte über Moore's Law erzählt und gezeigt, welche Branchen völlig neue Produktions- und Kostenstrukturen bekommen würden – allein der Gedanke, dass eine einmal erstellte Plattform bei vielen Nutzern keine weiteren variablen Kosten mehr erzeugen würde, war revolutionär. Während die Professoren sich uneins waren über die künftigen Lerninhalte und Auswirkungen der digitalen Entwicklungen, schmetterte Hermann Simon, Gründer des Beratungsunternehmens Simon-Kucher & Partners, dazwischen: »Hören wir doch auf zu diskutieren, wir sollten Menschen unter 30 befragen. Wir sind alle über die Zeit hinaus.« Es mag ja sein, dass jüngere Menschen geradezu dafür prädestiniert sind, um mit den Apps der Zukunft umzugehen und die Serviceangebote auf Twitter, Instagram, Facebook viel intensiver zu nutzen als wir Älteren. Doch über 60 Prozent der Menschen im berufsfähigen Alter (bis 60) sind nun einmal über 30 – und daraus ergibt sich die horrende Managementaufgabe der Älteren, über etwas zu urteilen, von dem die Jüngeren meist sehr viel mehr verstehen.

- World's largest taxi company owns no taxis (Uber)
- Largest accommodation provider owns no real estate (Airbnb)
- Largest phone companies own no telco infra (Skype, WeChat)
- World's most valuable retailer has no inventory (Alibaba)
- Most popular media owner creates no content (Facebook)
- Fastest growing banks have no actual money (SocietyOne)
- World's largest movie house owns no cinemas (Netflix)
- Largest software vendors don't write the apps (Apple, Google)

Quelle: IBM.com

Bild 9.3 Die digitale Disruption hat längst begonnen

Es lässt sich ohne Risiko vorhersagen, dass die Ausbildung der MINT-Fächer (Mathematik, Informatik, Naturwissenschaft und Technik) an Bedeutung zunehmen wird, dass neue Formen des Lehrens und Lernens geboren werden – und dass an den Universitäten und Hochschulen Absolventen hervorgebracht werden, die in der digitalen Welt groß wurden und diese auch im praktischen Leben umsetzen und fortlaufend ihr Wissen erneuern.

Betrachtet man die attraktivsten Arbeitgeber des Landes, so sind es die Beratungsfirmen, die Hightech-Unternehmen und die digital orientierten Player. Man sucht und findet Umgebungen, in denen die Besten arbeiten, in denen sehr viel Projektarbeit praktiziert wird und in denen man auch als junger Mensch seinen Fähigkeiten gemäß gefördert wird. Ich selbst erlebte, wie in den Statistikklausuren über 50 Prozent der

Probanden durchfielen und sich die Frage stellen mussten, warum sie eigentlich Wirtschaftswissenschaft studierten. Und wie bei McKinsey über 18 000 jährliche Zuschriften auf 500 Stellen kamen, wie jede neue technologische Entwicklung in der Wirtschaft in kurzer Zeit neue Angebote generierte.

In einem Gespräch mit Karl-Heinz Rummenigge, dem Vorsitzenden des Vorstands vom FC Bayern München, erwähnte dieser einmal, dass die Trainerausbildung – insbesondere von den Jugendmannschaften – dazu geführt habe, dass fast nur noch Laptop-Trainer existierten. Trainer, die eben das Training per Excel-Tabellen planen und verfolgen, bei denen aber die persönliche Heranführung der Jugendlichen an den Beruf des Amateur- oder Profikickers zu kurz gerate. Hinzu komme, dass reines Teambuilding als Trainingsziel vorherrsche und Einzelkönner sich so nicht herausbilden können. Rummenigge erwähnte Trainer wie Hennes Weisweiler, der einst aus der Fohlenelf der Borussia in Mönchengladbach eine europäische Spitzenmannschaft formte – mit Einzelkönnern wie Günter Netzer, Jupp Heynckes, Wolfgang Kleff –, oder wie Louis van Gaal, der beim FC Bayern als letzter Trainer peinlichst auf Disziplin geachtet hatte (das begann schon beim Dresscode) und Jugendliche in den Profibereich beförderte, darunter David Alaba oder Thomas Müller.

In einer Sitzung des Verwaltungsrats vom FC Bayern ging es unter anderem auch um die Einbindung des E-Sports in unser Angebot. Es gibt zwischenzeitlich Sportsimulationen (»FIFA«, »Formula 1 Esports Series«), Strategiespiele I (»League of Legends«), Strategiespiele II (»Battle Royale«), Ego-Shooter (»Counter-Strike«), die heute schon rund 200 Millionen Zuschauer haben und jährlich mit rund 14,5 Prozent wachsen. In den Finals gibt es um die 30 bis 125 Millionen Zuschauer (in den USA), die Social-Media-Plattformen (Twitch von Amazon – Jeff Bezos – für 1 Mrd. USD gekauft) haben zwischen 90 und 145 Millionen Zuschauer. Trotz der recht verheißungsvollen geschäftlichen Möglichkeiten für »League of Legends« und »Pro Evolution Soccer« haben wir diese Schiene bis auf Weiteres als nicht kompatibel mit unserem Kerngeschäft gesehen. Es soll in Basel zu einer recht gewalttätigen Auseinandersetzung zwischen den normalen Fans des FC Basel und E-Sports-Anhängern (meist sehr viel jüngere Fans) gekommen sein. Bei einem ständig ausverkauften Stadion und bei 290 000 Mitgliedern, die mit dem Kerngeschäft vom FC Bayern sehr zufrieden sind, stellt sich die Einbeziehung des E-Sports aktuell nicht (Schalke 04 versucht es zurzeit).

9.3 Geringere Wettbewerbsvorteile durch Geschwindigkeit

Betrachtet man die Geschichte der Industrialisierung, stellt man fest, dass im vorletzten Jahrhundert wesentliche Prozesse der industriellen Manufaktur in England etabliert wurden. Es dauerte gut 50 Jahre, bis diese Erfindung dann in den USA zur Fließbandproduktion entwickelt wurde, und weitere 30 Jahre, bis die Fließbandfertigung von den Vereinigten Staaten nach Europa und Japan kam und dort weiter ausgebaut wurde.

Mit anderen Worten: Hatte eine Volkswirtschaft einen signifikanten Wettbewerbsvorteil, konnte dieser fast eine Generation lang zu starken Marktpositionen, häufig sogar Monopolsituationen führen. Das hat sich in den letzten zehn Jahren dramatisch verändert. Am Beispiel des Glen Waterhouse Yacht Race in der San Francisco Bay möchte ich das veranschaulichen. Während noch vor 15 Jahren der Abstand zwischen Sieger und Zweitplatziertem über zwei Stunden betrug und die Boote der ersten zehn Finisher einen ganzen Nachmittag lang brauchten, bis sie das Ziel erreichten, hat sich dies inzwischen gründlich verändert. Die einst unterschiedlichen Formen der Bootskörper, der Takelage und der Segel haben sich nach und nach angeglichen, sodass der Abstand unter den führenden Booten in der Folge auf ein Minimum schrumpfte. Was hieß, dass die Wettbewerbsvorteile nicht mehr über einen längeren Zeitraum zu halten waren. Gleiches gilt heute in der industriellen Fertigung. Die Betriebsmittel und Werkstoffe sind international vergleichbar, und sie sind allen Abnehmern zugänglich. Mit zunehmender Rechnerleistung und Transparenz wird es also immer schwieriger, einen Wettbewerbsvorteil zu schaffen und diesen für eine gewisse Zeit zum Marktaufbau für sich zu beanspruchen.

Nimmt man als Beispiel die Durchsetzung neuer Technologien, so spricht es für sich:

Die schnelle Verbreitungsrate von neuen Technologien ist mit gravierenden Folgen verbunden: So müssen die Entwicklungszeiten radikal verkürzt werden, und die Kombination neuer Produktgenerationen und Fertigungskonfigurationen muss an komplett neuen Standorten gemacht werden. Ein Beispiel dafür ist der Chip-Tourismus in Asien. Erst ging man bei der Chip-Produktion der Löhne wegen nach Singapur, dann zog man weiter nach Taiwan, danach nach Malaysia, aktuell wird Vietnam als Standort bevorzugt. Häufig ist diese Form des Tourismus mit dem Aufbau völlig neuer Werke verbunden, die speziell auf die jeweilige Chip-Generation zugeschnitten sind. Bei Sportschuhen oder Outdoor-Textilien ist dieser Standortwechsel ebenfalls zu beobachten.

Ich selbst konnte mitverfolgen, wie eine Prozessautomatisierungssteuerung die bisherigen numerischen Steuerungen obsolet machte. Über 40 Prozent Effizienzgewinn bei linearen Prozessen ließen die industriellen Kunden aufgrund einer groß angekündigten Produktoffensive intensiv nach der neuen Steuerung fragen. Allerdings hatte man mit viel Mühe sämtliche Marketingunterlagen auf die alte Produktgeneration abgestellt, die eigenen Mitarbeiter entsprechend geschult, Lager aufgebaut und Modellnutzungen entwickelt, sodass viele Widerstände im eigenen Unternehmen erst abgebaut werden mussten, um der neuen Steuerung, einem wahrlich globalen Vorzeigeprodukt, zum Durchbruch zu verhelfen.

Für die Führung eines Unternehmens bedeutet dies, dass man ständig die tatsächlichen und potenziellen Ablösetechnologien im Blick hat, bereit ist, sich selbst »obsolet« zu machen, und das Undenkbare zu denken. Ein gutes Beispiel hierfür sind die Tech-Konferenzen der großen Softwarehersteller (SAP, Sapphire oder Oracle in San Francisco), die der einflussreichen Investmentbanken (Healthcare-Konferenzen von J. P. Morgan in San Francisco) und die großen Industriemessen (Hannover ist für viele industrielle Anbieter und Nachfrager immer noch unverzichtbar).

Oft kann es sinnvoll sein, sich an Start-ups, die bewiesen haben, dass sie schneller, dass sie agiler sind, »anzudocken«, auch wenn es auf den ersten Blick den Anschein hat, dass die eigenen Entwickler damit in Misskredit gebracht werden. Runtastic, der 220 Millionen-Euro-Kauf von adidas, die Übernahme der Low-Code-Entwicklungsplattform Mendix von Siemens für 740 Millionen US-Dollar und einige weitere zeigen, dass solche Akquisitionen die innere Geschwindigkeit der Organisation beträchtlich beschleunigen können. Hierbei kommt es zum einen auf das Topmanagement an, welches einsieht, dass die im eigenen Haus vorgenommenen Bemühungen nicht zum Ziel führen (eine neue Motorenentwicklung dauert nun einmal fünf Jahre), und zum anderen auf eine behutsame Eingliederung der bisher unabhängigen Unternehmer (die oft viel jünger sind) in das angestammte Unternehmen.

Es kann helfen, wenn man sich die Endphase einer solchen Entwicklung bildlich vorstellt, denn angesichts der immensen Rechnerleistung werden nun einmal Wettbewerbsvorteile verschwinden. So ist Kodak ein Beispiel dafür, wie ein Unternehmen in die Insolvenz abstürzte, als Instagram mit seiner neuen Technik aufwartete: Fotos und Videos konnten auf einmal geteilt werden, die User konnten sie aber auch selbst bearbeiten, mit einer Grafiksoftware.

Industrieikonen wie Hewlett-Packard und IBM, unbestrittene Champions in ihren Branchen, mussten erleben, dass quasi ihre Monopolstellungen im Verlauf der letzten zehn Jahre verschwanden und sie sich völlig neu erfinden mussten. Das Servergeschäft bei IBM verabschiedete sich in die Cloud beziehungsweise in die PC- und Tablet-Welt, und bei Hewlett-Packard brach das Kopiergeschäft ein. Sie gingen dann in Richtung Drucker.

Silicon Valley – Vision der digitalen Zukunft

Als ehemaliger Student von Berkeley hatte ich immer ein waches Auge auf die Entwicklungen im »Valley« – zum einen stand dort unsere große Konkurrenz-Uni in Stanford (nicht nur bei den jährlichen Big Games im Football sahen wir uns auf Augenhöhe mit Stanford), zum anderen ging es von dort los mit der großen Geschichte von Bill Hewlett und David Packard, den Gründern von Hewlett-Packard. Aus der Garage in Palo Alto ein Weltunternehmen zu schaffen, das animierte schon damals meinen Kommilitonen Andreas von Bechtolsheim zur Gründung von Sun Microsystems sowie einige meiner Operations-Research-Experten zu Start-ups. Ich selbst promovierte gerade über die Stichprobentheorie und spielte ebenfalls mit ein paar Ideen zu einer Unternehmensgründung (zum Beispiel wie man per sequenziellem Stichprobenverfahren die optimale Bestückung von Apotheken bei Grippeepidemien erreichen konnte). Aber trotz vieler Was-wenn-Überlegungen mit meinem Freund Thorlef Spickschen landeten wir beide bei McKinsey. Später hatte ich regelmäßig Kontakt zur US-amerikanischen Westküste, denn ich wurde früh Evaluator im Büro in San Francisco und hatte so alljährlich Trips ins dortige Office.

Das Valley faszinierte nicht nur junge McKinsey-Leute um die Jahrtausendwende, es war *der* Ort der Dotcoms – alles, was irgendwie mit Dotcoms zu tun hatte, war heiß. Es gab Gründung über Gründung – Apple thronte in Cupertino und galt als der Inbegriff einer exzellenten Firma (und die Verweilzeiten bei McKinsey gingen von drei Jahre auf 15 Monate herunter).

Die Geschichte der Dotcom-Blase ist bekannt – um 2001 krachte es –, und viele der einst hoffnungsvoll ausgezogenen Gründer suchten ein sicheres Gehalt, das ihnen erlaubte, Miete und Essen zu bezahlen.

Aber die DNA des Valleys war nicht gebrochen – es gab immer noch genügend Geld, ausreichend erfolgreiche Unternehmen und risikobereite Investoren. So war es nur natürlich, dass Google sich hier entwickelte, dass Facebook vom Osten der USA hierher übersiedelte, dass Apple seinen Wiederaufschwung im Valley machte. Und dass im Gefolge dieser großen Unternehmen eine Vielzahl von Neugründungen passierte (Uber, Airbnb, Pinterest), eine Financial Community sowie die Sand Hill Road (bekannt für Risikokapitalfirmen) entstand. Außerdem ließen sich im Valley viele Accelerator für Start-ups nieder (so auch der German Silicon Valley Accelerator unter dem agilen Dirk Kanngiesser mit Unterstützung der Bundesregierung). Allein das in diesem kalifornischen Längstal aufgebrachte Finanzierungsvolumen entspricht etwa 25 Prozent vom gesamten US-Volumen (und dem doppelten Volumen zur Finanzierung von deutschen Start-ups).

Über die Jahre erlebte ich, wie sich insbesondere Google entwickelte, wie meine ehemalige Kollegin Sheryl Sandberg zur Co-Geschäftsführerin (COO) von Facebook wurde, wie Airbnb und Uber in San Francisco zu Weltmarkt-Überrumplern wurden – und wie SAP sich dort entwickelte wie ein Local-Unternehmen. Meine Eindrücke verschickte ich an befreundete Klienten – und so war ich vermutlich zum Teil mitverantwortlich für die Silicon-Valley-Touren vieler Manager.

Eva Müller schrieb schon 2014 im *manager magazin*: »Ob soziale Netzwerke, das Internet der Dinge, Big Data oder die Sharing Economy – keine globale Entwicklung ist derzeit wichtiger für die Zukunft der Wirtschaft als der digitale Wandel. Im Cyberspace findet die nächste industrielle Revolution statt. Internetinnovationen krempeln die Geschäftsmodelle in allen Branchen um. Und sehr häufig bedrohen sie die Existenz traditioneller Firmen.«

In diesem Artikel machte ich auch die Aussage, dass die digitale Strategie absolute CEO-Sache sei, doch nur wenige Spitzenmanager würden sich ernsthaft für die Ideen aus dem Silicon Valley interessieren. Und das stimmt noch heute so. Ein Kardinalfehler. Dadurch gefährden sie die Konkurrenzfähigkeit und damit die Zukunftsfähigkeit der deutschen Wirtschaft. Für mich ist das eine erschütternde Erkenntnis. Denn weil sie noch glänzend dastehen, laufen sie vor Selbstzufriedenheit Gefahr, die nächste industrielle Revolution, die vierte, zu verpassen: die vollständige Digitalisierung der Wirtschaft. Die innovative Technik wird in ihren Auswirkungen vergleichbar sein mit der ersten und zweiten industriellen Revolution: Die erste, so Richard David Precht in seinem Buch *Jäger, Hirten, Kritiker. Eine Utopie für die digitale Gesellschaft*, verwandelte im 18. und 19. Jahrhundert die Agrar- in Industriestaaten, und die zweite bewirkte zu Anfang des 20. Jahrhunderts die Konsumgesellschaft. Die dritte industrielle Revolution war die mikroelektronische der 70er- und 80er-Jahre, sie hinterließ nicht so viele Ausschläge wie die ersten beiden Revolutionen und wie 4.0.

Das Silicon Valley ist trotz der Konkurrenz in New York, Boston, Los Angeles und der Nordwärtsbewegung Richtung San Francisco das Treibhaus für Innovationen in den USA. Hier kann man live erleben, wie diese vollkommen neue Welt entsteht, welche Ideen sich durchsetzen und welche scheitern. Dadurch kann man sich einen enormen Wettbewerbsvorteil verschaffen, aber die Deutschen sind in diesem globalen Innovationszentrum wenig präsent. Einzig SAP und die Telekom, VW, Daimler, BMW, Bosch und Siemens unterhalten Büros und Entwicklungszentrum vor Ort, und in Palo Alto betreibt das Bundeswirtschaftsministerium den schon erwähnten Inkubator für deutsche Start-ups – damit hat es sich aber fast schon mit den deutschen Aktivitäten. Was ihren Input (geistig und finanziell) betrifft, nehmen die Deutschen nicht an der Entwicklung im Silicon Valley teil. Das Unternehmen Softbank, ein japanischer Telekommunikations- und Medienkonzern, investierte vor Kurzem 100 Milliarden US-Dollar in Start-ups im Valley. Die großen Venture-Capital-Fonds wie Sequoia Capital beteiligten sich mit sechs Milliarden US-Dollar, wo es früher noch eine Milliarde war.

Sowohl die Unternehmen als auch Politik und Wissenschaft vernachlässigen die wichtigste Innovationsregion der Welt. Schuld an den Versäumnissen haben die Fehleinschätzungen in der Kommunikationstechnik. Einst waren deutsche Unternehmen in diesem Bereich Weltspitze gewesen, doch sie ignorierten die Neuerungen aus Kalifornien. Gerade Industriekonzerne sollten dort Horchposten installieren, die ihnen die neuesten Entwicklungen zutragen. Die Autohersteller könnten an der Stanford University einen Lehrstuhl für Mobilität und Zukunft einrichten und so aktuelle Trends einsammeln. BDI (Bundesverband der Deutschen Industrie) und Handelskammern sollten den Mittelstand im Silicon Valley vertreten.

Die enorme wirtschaftliche Entwicklung hat aber auch negative Folgen, sie sollen nicht verschwiegen werden. Rund 50 Prozent vom Nettoeinkommen gehen für die Miete drauf, das ist bei Singles nichts Ungewöhnliches. Viele Menschen sind obdachlos. Softwareprogrammierer können sich aufgrund von hohen Preissteigerungen keine eigene Wohnung mehr leisten, sie leben zusammen mit anderen oder in umgebauten Autos oder auf einem Campingplatz. ■

9.4 Der demografische Wandel und die Genderproblematik

Früher galt das Prinzip der Generationenabfolge: Ein Drittel war die Jugend, ein Drittel machten die Erwachsenen aus und ein Drittel die Älteren, und so hat man oft auch Erbpachtverträge auf 99 Jahre geschlossen – also drei Generationen. Ein Mensch, der in Deutschland 1960 geboren wurde, war damals ein Teil des Drittels der Bevölkerung, und jene, die damals über 60 Jahre alt waren, waren Teil des einen Sechstels der älteren Bevölkerung. Heute ist das anders. Wenn der 1960 Geborene voraussichtlich im Alter von 88 Jahren hinwegscheidet, wird er Teil des Drittels der Bevölkerung sein, und der 2019 Geborene wird Teil des Sechstels der Bevölkerung sein. Die damit einhergehende Alterung drückt sich in einer zunehmenden Lebenserwartung von 0,8 bis 1,0 Monaten pro Jahr aus sowie in einer Fertilitätsrate von 1,13 Kindern pro Frau im gebärfähigen Alter. Wir altern unumkehrbar und befinden uns damit in Gesellschaft von vielen europäischen Ländern sowie von Japan und China.

Dass diese Alterung in vielen Frühpensionierungen verstärkt wurde (Offiziere konnten schon mit 50 frühpensioniert werden, Lehrer grundsätzlich mit 60; es gibt kaum noch Polizisten, die älter als 60 und weiterhin im aktiven Dienst sind) – das hat für die junge Generation auch eine verheißungsvolle Seite. Immer früher werden alteingesessene, nicht selten auch als mittlere Führungskräfte aktive Mitarbeiter pensioniert und machen so Platz für die nächste Generation. Allein in den nächsten zehn Jahren rechnet man mit einem Rückgang der heute 35- bis 60-Jährigen von 20 Prozent, während die heute 15- bis 35-Jährigen nur zwölf Prozent betragen. Nimmt man die Einflüsse der Digitalisierung und Globalisierung hinzu, so erleben wir »goldene Zeiten« für die junge Generation für die nächsten 20 Jahre. Die Nachfrage nach ihnen steigt, das Angebot ist knapp – beste Voraussetzungen für erfolgreiche Karrieren.

Tabelle 9.1 Ohne Migration und politische Veränderungen wird es in vielen Ländern zu einem dramatischen Arbeitskräftemangel kommen

	Prognose Bevölkerung im erwerbsfähigen Alter (15–64 Jahre; in Millionen)			Rückgang (2015–2050)	
	2015	2030	2050	In Millionen	In %
China	1015	974	815	-200	-20
Russland	100	89	80	-20	-20
Japan	78	70	56	-22	-29
Deutschland	54	49	45	-9	-17
Polen	27	23	18	-9	-33

Ergänzt wird diese Alterungsproblematik noch durch die unzureichende Frauenpartizipation im Wirtschaftsleben. Wir haben zwar in den letzten Jahren eine steigende Partizipationsquote der Frauen, doch in den Führungsebenen hat dies noch nicht Platz gegriffen. Während auf Vorstandsebene langsam eine Steigerung sichtbar ist (siehe Kapitel »Frauen an der Spitze«), ist die Entwicklung bei weiblichen Aufsichtsräten durch das Gesetz bestimmt worden. Bei Neuberufungen in die Arbeitgeberbank der Aufsichtsräte müssen ein Drittel Frauen berufen werden.

Die heftige Diskussion um dieses Gesetz soll an einem Beispiel dargestellt werden. Der Ort: Davos, das Weltwirtschaftsforum, genannt WEF. Das Jahr: 2006. An jenem Samstagnachmittag hatte die damalige Familienministerin Ursula von der Leyen geladen. Ungefähr 20 Vorstandsvorsitzende oder andere DAX-Vorstände saßen am runden Tisch und diskutierten heftig für eine freiwillige Selbstverpflichtung der Wirtschaft, nur eben für kein Gesetz. Irgendwann, nachdem die Ministerin sich das alles ruhig angehört hatte, entgegnete Sie: »Meine Herren« – es saßen nur Herren um den Tisch – »meine Vorgängerin Frau Süssmuth hat vor genau zehn Jahren ein ähnliches Gesetz machen wollen, und damals plädierten die Wirtschaftsoberen für eine freiwillige Selbstverpflichtung. Sie ist darauf eingegangen. Damals betrug die Frauenquote in den Aufsichtsräten 1,35 Prozent – heute, nach zehn Jahren, beträgt sie 2,1 Prozent. Sie verstehen, dass ich von den freien Selbstverpflichtungen nichts halte.« Allgemeines Schweigen!

Beim demografischen Wandel haben wir es heute zunehmend mit einer Situation zu tun, in der 90-Jährige ihren 65-jährigen Kindern das Erbe vermachen und sinngemäß sagen, dass sie damit eine Existenz aufbauen sollen.

9.5 Die VUCA-Welt

Das Wort VUCA entwickelte das US Army War College zum Ende des Kalten Krieges – und nach den Terroranschlägen im Jahr 2001 wurde es zu einem stehenden Begriff, um die volatile, unsichere, komplexe und ambivalente Welt zu beschreiben. Er soll die Rezeption der politischen, ökonomischen, ökologischen und gesellschaftlichen Situation durch das Individuum als chaotisches System charakterisieren.

Die Definition des VUCA-V – Volatilität – soll die Natur und die Geschwindigkeit bezeichnen, das Ausmaß und die Größe von etwas, das nicht in einem vorhersehbaren Muster passiert. Volatilität ist in Wirklichkeit Turbulenz, die in dieser Form noch nicht da gewesen ist. Nach einer Studie der Unternehmensberatung Boston Consulting Group hat über die Hälfte der turbulenten finanzwirtschaftlichen Quartale der letzten 30 Jahre in den letzten 15 Jahren stattgefunden. Außerdem zeigte sich, dass die Intensität der Turbulenzen deutlich zugenommen hat und dass sie länger als in den Jahrzehnten zuvor dauerten. Die Treiber der Volatilität sind Digitalisierung, Konnektivität, Handelserleichterungen, globaler Wettbewerb sowie innovative Geschäftsmodelle.

Das U verweist auf die Unsicherheit und hat schließlich zum Inhalt, dass die Vergangenheit immer seltener eine Vorhersage über die Zukunft erlaubt. Umso schwieriger werden künftige Entscheidungen.

Das C steht für Komplexität. Oft sind viele, auch schwer nachzuvollziehende Gründe für die Existenz eines Problems ursächlich. Die Schwierigkeit kann innerhalb und außerhalb des Unternehmens liegen - und dazu führen, dass Entscheidungen über künftige Problemlösungen schwer werden.

Das A ist Ausdruck für Ambiguität, für die fehlende Klarheit über die Wahrnehmung eines Ereignisses. Einer aus der Reihe der Organisationsexperten, der US-amerikanische Psychologe Eric Kail, bezeichnet Ambiguität als die Unfähigkeit, aus den Bedrohungen und Chancen hinreichend konkrete Aussagen zu treffen - bevor selbige tödlich werden können. Ein Symptom organisatorischer Ambiguität kann beispielsweise sein, wenn divisionale Leistungen nicht dazu führen, dass das Gesamtbild des Unternehmens nachhaltig positiv wirkt.

Wir finden die VUCA-Welt heute in vielfältiger Ausprägung, und lernen, dass Unsicherheit mit dem gezielten Verstehen der Umstände gekontert werden kann, mit der Klarheit, mit der ein beratender Prozess Licht in das Chaos bringt, und schließlich mit Agilität, mit der querbeet durch die Organisation kommuniziert und fortlaufend ergänzt wird.

Die Welt fordert agile Leader! Die Herausforderung ist, aus den vorhandenen Mitarbeitern agile Führungspersönlichkeiten zu entwickeln. ■

Im Center for Creative Leadership in Brüssel werden zunehmend praktische Fälle von Unternehmen dokumentiert und diskutiert, um in dieser neuen Welt zu bestehen. Als eine der ersten Firmen baute McDonald's die VUCA-Prinzipien in die Ausbildung ihrer Führungskräfte ein. 2001 erstellte das Fast-Food-Unternehmen ein neues Führungskräfteentwicklungsprogramm für seine Gebietsleiter – sie sollten sich selbstkritisch einschätzen und durch handlungsorientiertes Lernen in der Praxis mehr Verständnis für das Geschäft entwickeln und zudem Beziehungen mit gleichgestellten Kollegen und Kolleginnen aufbauen. Dahinter stand die Überzeugung, dass durch das Action Learning der Entschluss gestärkt wird, Lösungen zu suchen und umzusetzen, dass der Wille gefördert wird, Lernerfolge eigenverantwortlich auszulösen. Letztlich glaubte man, dass so rascher Führungspersönlichkeiten heranreifen würden.

Der Konzern Procter & Gamble baute seine Zusammenarbeit mit den Lieferketten analog der VUCA-Welt auf. Man wollte sich kontinuierlich erneuern und Rekrutierung und Entwicklung von Mitarbeitern deutlicher in den Vordergrund stellen. Auf diese Weise sollten Hindernisse wie ineffektive Strategien, Systeme und Kulturen abgebaut werden.

Aus eigener Erfahrung weiß ich, wie beispielsweise die Siemens AG in den letzten Jahren in gleicher Weise national wie international, hardware- wie softwareorientiert einen äußerst agilen Kurs verfolgte und so dem großen US-amerikanischen Konkurrenten General Electric den Rang ablief. Als größter Innovationstreiber Deutschlands (jeden Tag rund 20 Patente) ist das Unternehmen dabei, sich komplett neu zu erfinden und radikal umzubauen.

Als Joe Kaeser im August 2013 Vorstandsvorsitzender der Siemens AG wurde, übernahm er ein Unternehmen, das seine Kapitalkosten nicht verdiente (Gesamtkapitalrendite sechs Prozent). Von den zehn Geschäftsbereichen gab es nur in der Medizin-, der Automatisierungs- sowie in der Kraftwerkstechnik Gewinne auf Weltniveau – der Rest war mit erheblichen Umsatz- und Ergebnisproblemen behaftet. In stringenter Weise gelang Kaeser die Fokussierung, aus dem einstigen Gemischtwarenladen wurde ein konzentriertes Unternehmen. Das Lampengeschäft Osram wurde verkauft, das Hausgerätegeschäft an Bosch abgegeben und die Medizintechnik (Healthineers) an die Börse gebracht. Auch das schließlich doch noch kriselnde Kraftwerksgeschäft, letztlich das gesamte Geschäft mit der Energie, soll ebenfalls aus dem Konzern herausgelöst werden. Bis September 2020 will man es auch an die Börse bringen. Man will die große Siemens AG mit weltweit über 340 000 Mitarbeitern bleiben – aber konzentriert auf die Automatisierung im Industriebereich und auf Infrastrukturlösungen in Städten.

Der Daimler-Konzern wiederum baut jetzt nicht nur Pkws und Lkws, er umfasst auch einen großen Mobility-Bereich, in dem unterschiedlichste Dienste angeboten werden. So hat das Unternehmen etwa zusammen mit BMW im Februar 2019 einen gemeinsamen Carsharing- und Mitfahrdienst gestartet, eine Reaktion darauf, dass immer mehr Menschen in urbanen Zentren nicht mehr unbedingt selbst ein Auto besitzen wollen. Sie bevorzugen Fahrzeuge auf Abruf, möglich machen all das Smartphone-Apps. Für Autohersteller, die bislang vom Pkw-Verkauf lebten, könnten das alarmierende Nachrichten sein. Weniger verkaufte Autos bedeuten weniger Umsatz und wohl auch weniger Gewinn. Um dieser Entwicklung gegenzusteuern, steigen die Konzerne selbst in das neue, wachsende Geschäft ein. Das werde der Autobranche helfen, ihren Jahresumsatz weltweit bis 2030 auf 6,6 Billionen Euro zu verdoppeln, so prognostizierte meine einstige Beraterfirma. Ein Viertel des Zuwachses soll von Mobilitätsdiensten, der Elektrifizierung sowie der Automatisierung von Fahrzeugen kommen – der Rest indes aus dem klassischen Geschäft.

Eine organisatorische Antwort in der VUCA-Welt könnte zum Beispiel ein verstärktes Projektmanagement neben der Linienorganisation sein. Neue Erkenntnisse über technische Fortschritte oder Wettbewerbsaktivitäten können in einer Projektorganisation rasch zu einer Veränderung der einzelnen Projektschritte führen und damit das Projektziel gewährleisten. So haben die jüngsten Ankündigungen und Schwierigkeiten bei Tesla die europäischen Autoherstellern zu einem Umdenken gebracht: Die Entwickler haben sich bei den Modellen neu orientiert.

Betrachtet man unsere großen Projektreinfälle wie die Elbphilharmonie in Hamburg, Stuttgart 21 oder den neuen Flughafen in Berlin, so ist verwunderlich, wie Baupläne für das Gesamtwerk wiederholt verändert wurden, wie wenig bei der Planung auf die Komplexität eingegangen wurde und wie man die Erkenntnisse von ähnlichen Projekten im Ausland mehr oder weniger außer Acht gelassen hatte. Es kann für Unternehmen sinnvoll sein, für bestimmte langfristige Projekte eine Systemarchitektur einzuführen, um bei häufigen Auftragsänderungen festzustellen, inwieweit der Zeit- und Kostenrahmen bei einem zunehmend anspruchsvoller werdenden Projektziel überhaupt noch gehalten werden kann.

Gerade in der Online-Welt erleben wir verstärkt, dass eine B2C-Plattform nicht die geplante Zahl an Endkunden anzieht, dass aber völlig ungeplant ein B2B-Geschäft entsteht, weil die Plattform von Wettbewerbern genutzt wird. Hier eine rasche Festlegung der Grenzen zu finden und das Geschäft zum Nutzen des eigenen Unternehmens zu machen, ist das Gebot der Stunde.

Da Data das neue Rohöl sind, erleben wir, dass Airbus mit Palantir, einem US-amerikanischen Anbieter von Software und Dienstleistungen, die Daten aus den Triebwerken ihrer Flugzeuge für präventive Wartung und anderes nutzt – und derzeit überlegt, mit diesen Datensätzen ein eigenständiges

Geschäft aufzubauen. Künstliche-Intelligenz-Anwendungen können gerade in der VUCA-Welt viel bewirken.

Afiniti ist ein US-amerikanisches Softwareunternehmen, dessen Zentrale in Washington ist. Seit über einem Jahr bin ich dort Board-Mitglied, in dieser Firma setzt man sich intensiv mit der künstlichen Intelligenz auseinander. Mit Algorithmen hat man angefangen, nun steht das Machine Learning im Fokus. Das maschinelle Lernen ist ein Bereich der künstlichen Intelligenz, bei dem vorhandene Datenbestände und Algorithmen eingesetzt werden, um Muster und Gesetzmäßigkeiten zu erkennen. Eine Software entwickelt dann eigenständig Lösungen, die sich verallgemeinern lassen – und die man auch bei anderen Problemen anwenden kann. Hier handelt es sich gleichsam um künstliches Wissen, das man einst aus Erfahrungen generiert hat.

Afiniti hat es geschafft, mit diesem System Callcenter zu optimieren. Dabei werden Incoming Calls (eingehende Telefonate) aufgrund von Mustererkennungen (Pattern Recognition) gruppiert nach Sales Calls, Service Calls oder Contractual Calls. Durch den Machine-Learning-Algorithmus bündelt man die Sales Calls und kann so drei bis sieben Prozent Umsatz zusätzlich bei Telekommunikations- oder TV-Unternehmen (Sky) erzielen.

In Köln wurde 2016 ein Programm ins Leben gerufen, ein zweijähriges berufsbegleitendes Executive Master of Business Administration (EMBA), angeboten wird es von der Business School der Universität Köln (hier gibt es eine der renommiertesten Fakultäten für Wirtschaftswissenschaften) gemeinsam mit der niederländischen Erasmus-Universität Rotterdam. Hierbei setzen sich mehr als 100 Professoren für die Weiterbildung von Führungskräften ein, mitbringen müssen die Lernwilligen Kompetenz, Einfühlungsvermögen, Mut und Charakter. Dann lässt sich Führung auch lernen.

9.6 Was folgt für die Führung aus diesen Herausforderungen?

Führung ist wichtiger denn je – so lässt es sich zusammenfassen. Denn lediglich die Unvorhersagbarkeit zu diagnostizieren, ist weder für die Führungspersönlichkeiten noch für die Menschen, die geführt werden sollen, hilfreich.

Naturgemäß sollten die Führungspersönlichkeiten das Umfeld, in dem sie operieren, besser als der Rest des Unternehmens kennen. Sie sollten, auch wenn es um neue Technologien und Wettbewerbsentwicklungen geht, wissen, was auf sie und ihre Mannschaft zukommt (und uns). Das wird bedeuten, dass viele der Führungskräfte nur eine relativ kurze Verweildauer in ihrer Position haben – ich erwähnte es schon. Es werden Leute nach ein bis zwei Jahren verabschiedet, und es werden – wie am Beispiel von Kasper Rorsted bei Henkel und jetzt bei adidas – in Executive-Seminaren an der WHU, der Otto Beisheim School of Management in Vallendar und Düsseldorf, und an der Harvard Business School Voraussetzungen geschaffen, wie Führungskräfte bessere Entscheidungen treffen können, insgesamt besser führen können.

Man darf feststellen:

> Noch nie war Führung durchgängig so wichtig wie heute; es beginnt an der Spitze und sollte sich in den Unternehmen bis an die Basis fortsetzen.
>
> ■

Und es dürfte unbestritten sein, dass dafür die Besten ausgewählt werden müssen, um zu den drei bis acht Prozent zu gehören, die die ganze Organisation weiterbringen. Dazu brauchen wir nicht nur Männer, sondern auch führungsfähige Frauen. Die sexuelle Orientierung darf bei der Auswahl genauso wenig eine Rolle spielen wie die Abstammung, die Religionszugehörigkeit oder die geografische Herkunft.

Noch immer ist in vielen Unternehmen die Hautfarbe ein Problem. In den USA und Großbritannien ist das weniger ein Thema, bei uns in Deutschland ist es ein erhebliches. Man muss nicht die grausamen Auswüchse beim Profifußball in Italien gegenüber Spielern aus Afrika anführen (man sprach von einer »schwarzen Welle«) – aber in der Summe ist doch eine große Strecke zu gehen. Das gilt auch für Manager indischer oder asiatischer Abstammung. In den USA werden bedeutende Unternehmen von Indern geführt, Satya Nadella ist der CEO von Microsoft, Sundar Pichai bei Google. Tidjane Thiam, ehemaliger Finanzminister der Elfenbeinküste, ist aktuell Vorsitzender der Geschäftsleitung der Credit Suisse – er ist wohl einer der ganz wenigen CEO in Europa, die aus Afrika stammen. Als Europa-Chef von McKinsey half ich ihm einmal, nach Paris zu gelangen, er musste innerhalb von 24 Stunden aus seiner Heimat fort.

»Jasager killen ein Unternehmen – Neinsager bringen ein Unternehmen voran« (»Yesbutters kill companies – whynotters move companies«): Das ist ein kluger Spruch, den ich einmal in einer Anzeige las. Die Bedenkenträger, die immer schon wussten, was nicht geht und nie funktionieren wird, und die Fraktion der »Lasst es uns doch probieren« stehen einander gegenüber. Zu viele Jasager, die sich so verhalten, weil sie nach oben kommen oder weil sie zweifelhafte Praktiken und grenzwertige Analysen verdecken wollen, können der Tod eines Unternehmens sein. Anzuführen ist hier Enron. Das US-Unternehmen musste 2001 Insolvenz anmelden, nach einer beispiellosen Serie von Betrugs- und Bilanzskandalen.

Die Frage ist, ob Management Audits helfen, Stärken, Schwächen und Potenziale von Führungskräften in einem Unternehmen zu erkennen. Im Juni 2018 zogen sich, wie Martin Scheele in der *FAZ* zu berichten wusste, die vier Vorstandsmitglieder des Badezimmerausstatters Grohe für zwei Tage aus ihrem Alltagsgeschäft zurück. Sie wollten über die 420 Führungskräfte des Unternehmens nachdenken. Auf Karten notierten sie deren wichtigste Eigenschaften, deren Motivation und Leistungsbereitschaft. Anschließend wurden die Erkenntnisse auf Magnetwänden festgehalten. Dann begann das Sortieren. Strukturen wurden hinterfragt, Mitarbeiter wurden auf neue Positionen verschoben, Diskussionen entstanden, wie Lücken zu füllen sind. Das Ziel dahinter: Weil man weiterwachsen will, wollte man herausfinden, über welche personellen Ressourcen Grohe verfügte.

Herbert Diess, Konzernchef bei Volkswagen, ordnete wiederum für seine 377 Topführungskräfte Interviewtermine bei der Personalfirma Spencer Stuart an. Das Beratungsunternehmen sollte das Können der Manager beurteilen, ihre Führungsexpertise, ihre Motivation, ihr Potenzial. Die Chefetage sollte auf diese Weise auf Herz und Nieren geprüft werden.

Die Frage ist nur, ob diese Audits wirklich sinnvoll sind, ob sie klare Aussagen zur Performance von Führungskräften liefern. Immerhin werden sie seit Mitte der 90er-Jahre in Deutschland eingesetzt, zur Beurteilung von Führungskräften mithilfe mehrstündiger strukturierter Interviews durch meist externe Berater. Assessment-Center, in denen ganztägige Tests von Kandidaten durchgeführt werden, gehören zunehmend zum Repertoire bei externen Besetzungen. Längst dienen sie nicht mehr nur als Selektionsinstrument bei Übernahmen, sondern werden zur systematischen Potenzialanalyse und Führungskräfteentwicklung verwendet.

Führung ist auch wichtiger denn je, wenn man einer Umfrage unter 500 CEOs Glauben schenken darf. Sie sind der Meinung, dass das Talentmanagement – die Identifizierung,

Entwicklung und der Erhalt jener Personen, die für ein Unternehmen von besonderem Wert sind - der kritische Engpass zur Realisierung der Strategie ist. Und es zeigt sich an den Quintilszahlen (zusätzlich aus Haushaltsbefragungen gewonnen), dass die höher eingestuften Unternehmen durchweg welche sind, bei denen das Talentmanagement einen hohen Stellenwert besitzt. Oft ist es ja die schiere Zeitknappheit, die einen CEO dazu bringt, viel zu delegieren - und dann eben an Menschen zu delegieren, die er nach dem Selbstähnlichkeitsprinzip herausgesucht hat. Der allgemeine Tenor ist: Es wird ein Mangel an Führungskräften beklagt. Betrachtet man Talentmanagement als eine ernsthafte Führungsaufgabe, kann dies komplett anders laufen.

9.7 The winner takes it all

Aus der Erfahrung mit vielen »Cases« der verschiedenen US-amerikanischen Business Schools während der letzten Jahre kann ich feststellen: Strategieentwicklung ist die oberste Aufgabe des Topmanagers. Häufig fangen neue Manager rasch nach ihrer Inthronisation an, die Strategie des Vorgängers nachhaltig zu ändern. »Structure follows strategy« - diese Aussage gilt immer noch: Der Kapitalmarkt entscheidet über Wohl und Wehe des Unternehmens. Sie baut auf der Erkenntnis auf, dass bei Unternehmen über die Jahre hin Veränderungen ihrer Strategien mit entsprechenden Anpassungen der Organisationsstrukturen einhergehen. Die Strategie gilt heute als eine der wichtigsten Einflussgrößen auf die Organisation von Unternehmen. Und aus umgekehrter Perspektive gilt das Schaffen einer strategiegerechten Organisation als maßgebliche Erfolgsbedingung für die Umsetzung einer Strategie. Die zentrale Forderung dabei lautet, die

Organisation so auszugestalten, dass die Mitarbeiter des Unternehmens ihr Verhalten bestmöglich auf die strategischen Anforderungen ausrichten können – und wollen.

Das »The winner takes it all«-Prinzip wurde bei McKinsey intern heftig diskutiert, ist aber im europäischen Umfeld nicht gelitten, die Digitalisierung macht es jedoch zur Norm. Wir waren Mitbewerber gewohnt, es galt: »Leben und leben lassen«, man kannte und schätzte sich. Viele Jahre lang gaben die Chemieunternehmen fast zur gleichen Zeit ihre meist ähnlichen Dividendenvorschläge bekannt, die Zinsen der Banken wurden im Gleichschritt erhöht etc. Als ich einmal mit dem US-Amerikaner Andrew McAfee, Co-Direktor der »MIT Initiative on the Digital Economy« und stellvertretender Direktor des »Center for Digital Business«, kritisch über das »The winner takes it all«-Prinzip diskutierte, fragte er mich: »Wer ist der viert- oder fünftbeste Cellospieler, wer der fünftbeste Tennisspieler?« Er wollte damit betonen, dass die Nummer eins auch den absoluten Löwenanteil des Kuchens bekommen solle. Außerdem, so seine These, würde sich auch eine Nummer eins nach Moore's Law nicht ewig halten. Er nannte dann noch die bekannten Beispiele von IBM, Hewlett-Packard und Microsoft. Ich selbst kann mich noch einer Begegnung mit dem ehemaligen italienischen Skirennläufer Gustav Thöni entsinnen, ich traf ihn auf dem 70. Geburtstag von Christian Neureuther. Alle sprachen davon, wie er um eine Tausendstelsekunde an der Streif gegen Franz Klammer verloren hat und dadurch den Gesamtweltcup verlor. Das wussten wir Skifans, es war aber auch klar, dass viele nur Franz Klammer in Erinnerung hatten.

Die digitalen Unternehmen entwickeln spezifische Produktionsbedingungen, das lässt sich am Beispiel von Amazon darstellen, wie es Jörg Claussen von der LMU getan hat:

- Es gibt indirekte Netzwerkeffekte - je mehr Konsumenten eine Plattform nutzen, desto höher ist der Nutzen für jeden einzelnen Kunden; das heißt, es existieren mehr Produktbewertungen bei Amazon.
- Es gibt indirekte Netzwerkeffekte - je mehr Konsumenten eine Plattform nutzen, umso attraktiver ist es für Lieferanten, diese Plattform zu nutzen (Amazon Marketplace).
- Es entstehen Lerneffekte - je mehr Data vorhanden sind, desto erfolgreicher ist eine Plattform (Amazon Recommendation System).

Auf der anderen Seite wird das Angebot diffundiert, das heißt, es gibt eine Menge Suppliers, die nicht viel investieren müssen, um als Anbieter in der digitalen Welt Erfolg zu haben:

- Niedrige Eintrittsbarrieren,
- Vertrauen kann rasch gewonnen werden,
- niedrige Transaktionskosten durch digitalisierte Prozesse.

> Mehr Output erfordert höhere Kosten: Das gilt in der digitalen Welt nur begrenzt. Talentmanagement im wesentlichen Sinne entscheidet also über den langfristigen Erfolg eines Unternehmens.

10

Warum scheitern so viele? Das deutsche Dilemma

Heutzutage ist es in Deutschland nicht statthaft, von »Führern« – nach der schlimmen Erfahrung mit dem »Führer« der Nazizeit – zu sprechen. Es ist die Rede von Führungspersönlichkeiten, Leadern, Chefs, Bossen, aber eben nicht mehr von Führern. Insofern ist es auch verständlich, dass in der unmittelbaren Nachkriegszeit die Tendenz zur Kollektivführung Platz fand. Ein »Nie wieder« führte genau zu jener Kollektivverantwortung, führte zum Glauben an demokratische Investorenversammlungen bei Volksaktien (einst bei dem »Staatskonzern« Preussag und VW), führte dazu, dass wir bei spannenden Themen Kommissionen bilden. Der Spruch »Wenn du nicht mehr weiterweißt, dann gründe einen Arbeitskreis« ist eine treffliche Beschreibung dessen, was heute vielfach an der Tagesordnung ist.

Ähnlich wie 1949 ein Grundgesetz beschlossen wurde, das der gegenbildlichen Verfassung des »Nie wieder« entsprach, schuf man 1965 ein Aktiengesetz, in dem klar zum Ausdruck gebracht wurde, dass das Organ des Vorstands gemeinsam das Unternehmen führte. Sollte es einen Vorsitzenden geben – nicht notwendigerweise im Gesetz vorgesehen –, so war dieser nicht der Chef der anderen Vorstandsmitglieder.

Er konnte sich nicht gegen die Mehrheit der anderen bei Entscheidungen durchsetzen.

Ausfluss dieser Demokratisierung der Führung waren beispielsweise gleichrangige Vorstandsmitglieder bei Warenhauskonzernen wie Karstadt, Kaufhof, Hertie oder Horten. Der Vorstand lud ein, gab bekannt, nahm teil, trauerte etc. Und wenn ein Mitglied mal in der Funktion des Finanzchefs öffentlich bei der Bilanzpressekonferenz auftrat und fälschlicherweise deshalb als Chef des Unternehmens bezeichnet wurde, meldete sich sein Sekretariat bei dem Presseorgan, um diesen Fehler zu korrigieren. (So geschehen im Fall von Walter Deuss, dem früheren Finanzchef von Karstadt.) Diese Entwicklung entsprach durchaus dem Zeitgeist:

Man wollte keine starken Führernaturen. Gelegentlich einen Sprecher im Vorstand – mehr war nicht drin. ■

Dieses Denken fand auch seinen Niederschlag in vielen Verbänden, Gewerkschaften, Kirchen, Sportvereinen, politischen Parteien. Es reichte, wenn man ein zur Führung befugtes Gremium hatte und wenn dieses dann die Belange zum Wohle der Organisation (Bestand und Entwicklung) vertrat. Die Generation der Vorstände, Geschäftsführer, Oberen war oft gesichtslos – und sie hatte dann auch bis weit in die 80er-Jahre hinein wenig Archetypen, die für ihre Organisation standen. Hinzu kamen auch relativ wenig bekannte Presseorgane, die sich mit den Spitzen der Organisation beschäftigten.

Als Mitte der 70er-Jahre, im Deutschen Herbst, der Dresdner-Bank-Chef Jürgen Ponto von RAF-Terroristen ermordet wurde, war dies der Auftakt zu einer ganzen Serie von Anschlägen auf Manager. Ernst Zimmermann (Vorstandsvorsitzender der Motoren- und Turbinen-Union) wurde vor den

Augen seiner Frau ermordet. Hanns Martin Schleyer (Daimler-Benz) nach einer Agonie, nach den Stammheim-Selbstmorden. Es wurde Generalstaatsanwalt Siegfried Buback erschossen, Karl Heinz Beckurts (Siemens) auf dem Schulweg meiner Kinder in Straßlach bei München. Weiterhin Herrhausen und Rohwedder. So war es kein Wunder, dass auf der gefundenen Namensliste auch McKinsey stand – ich fand mich zwischen Gertrud Höhler und Hans-Olaf Henkel.

Als die junge Studentengeneration der 68er die Nazizeit aufarbeitete (»Macht kaputt, was euch kaputt macht«), waren die Unternehmenslenker erst in zweiter Linie die Zielscheiben – nach den Politikern. Ich erlebte noch in meinen ersten Statistikübungen (1970), wie einige Spartakisten die Veranstaltung störten und über Statistik als monopolkapitalistisches Werkzeug diskutieren wollten. Die Mehrheit der Studenten wollte aber lieber prüfungsrelevante Beispiele durchgehen. Mit wüsten Beschimpfungen (»Fachidioten«) verließen die Spartakisten den Hörsaal.

Wo man einen starken Präsidenten einer Uni erwartete (Fehlanzeige), akzeptierte man die Drittelparität (Professoren, Akademische Räte und Studenten), und so passierte es, dass die Universität sich eines Großteils ihrer Autonomie berauben ließ.

Als Politiker der Großen Koalition im Mai 1968 die Notstandsgesetze konzipierten, traute ihnen plötzlich die junge Generation nicht mehr und rief zu Massendemonstrationen auf. Es herrschte die Zeit der (beklagenswerten) Führungsarmut, der niemand wirksam entgegentreten konnte. Die politischen Parteien, die zur politischen Willensbildung beitragen sollten, hatten weder die Energie noch die Leute, die sich an die Spitze einer Bewegung stellten – das Kollektiv regierte.

In dieser Zeit erlebten wir auch eine geradezu inflationäre Aufblähung der Leitungsgremien – Vorstände wurden von fünf auf zehn bis zwölf Mitglieder erweitert (bei Siemens sogar einmal auf 30).

10.1 Mitbestimmung in einer Matrix

Ab Mitte der 80er-Jahre waren Matrixorganisationen an der Tagesordnung und wurden auch häufig gewählt, weil die Bedingungen in den Unternehmen »matrixartig« wurden: Eine gebündelte Beschaffung war sehr kosteneffizient für alle Profitcenter, ein abgestimmtes Modell zur Rekrutierung neuer Mitarbeiter über das ganze Unternehmen sorgte für eine Reduktion des Wildwuchses. Seit damals erleben wir, dass die Entscheidungen »abgestimmt« werden müssen. Das Wort »abstimmen« hat sich aus dem kollektiven Denken heraus in die praktische Lebensform in Unternehmen und Firmen eingeschlichen und führte und führt noch heute dazu, dass letztlich gar nicht mehr festgestellt werden kann, wer wirklich verantwortlich ist.

Wenn alle Verantwortung tragen, trägt sie keiner. ■

Dieser Gedanke drängt sich auf, wenn man die Entwicklung der Dieseltestabschaltungen verfolgt. Und nicht selten kommen zeitliche Verzögerungen, komplizierte Sonderbauweisen und abgeschmetterte Vorschläge dabei heraus.

In der unmittelbaren Nachkriegszeit glaubten wir, mit der qualifizierten Mitbestimmung im Aufsichtsrat (und dem Personalchef seitens der Arbeitnehmer) den Stein der Weisen bei der Eisen- und Montanindustrie gefunden zu haben. Heute noch existiert die Mitbestimmung im Aufsichtsrat in Unternehmen mit einer Größe von über 2000 Mitarbeitern.

Sicher hat diese Regelung dazu geführt, dass zwischen den Tarifparteien laufend Kontakte bestehen und Arbeitskämpfe vermieden werden – andererseits haben wir in den letzten Jahren erlebt, dass der Pferdehandel zwischen den Parteien bei einzelnen Vorstandsbesetzungen durchaus an der Tagesordnung ist. Das Beispiel Daimler sei angeführt, als Dieter Zetsche nur einen dreijährigen Vertrag bekam – und eine Rochade einzelner Vorstandsmitglieder ausgehandelt wurde (2016).

10.2 Compliance in Unternehmen

Wohlgemerkt, die Rechtslage zur Kollektivverantwortung ist auch heute noch so, obwohl die praktische Entwicklung sich längst davon wegentwickelt hat. Ein Vorstand, bestraft wegen Compliance-Verstößen, wurde in seiner Gänze nach Maßgabe des persönlichen Verschuldens bestraft (Siemens 1992). Allerdings hat die letzte Dekade gezeigt, dass der Zug zur Individualverantwortung deutlich zugenommen hat und wir dem angelsächsischen Modell des CEO (Chief Executive Officer) in der Person des Vorstandsvorsitzenden folgen.

Nach dem Bekanntwerden einer Schmiergeldaffäre Anfang der 90er-Jahre hatte der damalige Siemens-Vorstandsvorsitzende Heinrich von Pierer 1992 in einem Interview erklärt: Er sei »überrascht« und »betroffen«, aber die Öffentlichkeit könne sicher sein, dass die Konzernleitung alles tun werde, damit sich solche »Dinge« nicht wiederholten. Er konnte glaubhaft machen, dass er von den Schmiergeldzahlungen nichts gewusst hatte.

Nach diesem Verstoß wurde intensiv über Compliance diskutiert, und unter Anleitung der US-amerikanischen Anwaltsfirma Debevoise Compliance-Seminare für den oberen Führungskreis abgehalten. Ein Vorstand wurde in der Folge in seiner Gänze nach Maßgabe des persönlichen Verschuldens bestraft.

Compliance steht für ein ganzheitliches Organisationsmodell, das die Einhaltung von internen Standards und gesetzlichen Bestimmungen sicherstellen soll. ■

Meist werden Compliance-Systeme mit einem Ethik- und Wertemanagement kombiniert und sollen rechtlich und ethisch korrektes Verhalten von Firmen und Mitarbeitern gewährleisten – gegen Kartellbildung, Korruption, Geldwäsche oder Diskriminierung. Saubere Unternehmensführung wurde zum Ziel.

Mehrfach hat sich ein »Küchenkabinett« aus Vorstandsvorsitzender, Aufsichtsratsvorsitzender und stellvertretendem Aufsichtsratsvorsitzenden beziehungsweise Betriebsratschef gebildet. Dort werden unternehmerische Entscheidungen vorbereitet. Andererseits erlebten wir in den letzten Jahren viele Vorstandsvorsitzende, die ob des Misserfolgs in ihrem Unternehmen oder aus anderen gewichtigen Gründen gehen mussten – während andere Vorstandsmitglieder bleiben durften. Beispiele wären da schwankende Konzerne oder in Schwierigkeiten geratene Familienunternehmen wie Karstadt, Haniel oder Schaeffler.

So hat die letzte Dekade gezeigt, dass der Zug zur Individualverantwortung deutlich zugenommen hat, dass die Zeit über die Kollektivverantwortung hinweggeht. Wenn Konsequenzen gezogen werden, wie bei VW oder Audi, dann trifft es den Chef. Der Bayer-Chef geht, weil er bei Unilever ein besseres Angebot bekam und vermutlich auch gegen die Akquisition von Monsanto war; einem Automobilchef verweigert man die Verlängerung des Vorstandsvertrags um fünf Jahre, während die anderen Vorstände »normal« verlängert werden. Es ist zwischenzeitlich die Regel, dass ein Vorstandsvorsitzender sich die Vorstandskollegen sucht und nach Absprache mit dem Aufsichtsrat entlässt; er steht für die strategische Ausrichtung und tritt in der Öffentlichkeit auf. Sicher ist dies nicht bei der ersten Berufung zum Vorstandsvorsitzenden der Fall, doch ziemlich sicher bei der zweiten Berufungsperiode. Andererseits haben Verstöße gegen Compliance-Regelungen bei Siemens alle Vorstände in abgeschwächter Form getroffen.

In gewisser Weise hat die Praxis der Fußballtrainer (fünf Niederlagen hintereinander bedeuten das Aus) auf die Wirtschaftsunternehmen übergegriffen – obwohl der Trainer nicht mitkickt, muss er gehen, und obwohl der Chef nicht direkt an der Produktentwicklung beteiligt ist, muss auch er gehen.

In den letzten Jahren werden verstärkt einzelne Personen für Misserfolge verantwortlich gemacht. ■

Schaut man auf die politischen Parteien, auf Sportvereine, auf andere gesellschaftliche Gruppierungen, so ist auch hier ein deutlicher Zug zur Individualverantwortung spürbar (wie wir es im angloamerikanischen Umfeld immer schon kannten). Ist die Bereitschaft zur Individualverantwortung vorhanden, so muss damit auch die Bereitschaft zum Anerkennen der Niederlage einhergehen. Den Spruch »Ein Sieg hat viele Väter, eine Niederlage nur einen« sollte man hier nicht als Maßstab nehmen.

10.3 Karrieredenken ohne Verantwortungsbewusstsein

Blickt man in die Zeitungen oder liest die Nachrichten im Netz, so ist regelmäßig zu verfolgen, dass einst gut gehende und früher sehr stolze Unternehmen in eine Schieflage geraten sind. Natürlich gibt es erhebliche Probleme bei Strukturveränderungen und technologischen Durchbrüchen, die ganze Branchen treffen. Andererseits aber ist bemerkenswert, wie Managementfehler Unternehmen in Schwierigkeit bringen. Solche Managementfehler können sein: Man erkennt Veränderungen im Markt und in der Wettbewerbslandschaft nicht oder nicht richtig. Man beruft einen unfähigen Kollegen in ein kritisches Ressort, man unterschätzt die Risiken. Im Ausland setzt man seine Zeit falsch ein (Eskapismus).

Der Weg nach oben ist für viele Menschen eine Triebfeder, gehen damit doch Gehaltsverbesserungen, Status und berufliche Erfüllung einher. Sieht man aber die teils misslichen Resultate, so tauchen Fragen auf: Warum scheitern einst erfolgreiche Manager in anderen Situationen? Warum werden Manager zunehmend »obsolet«? Warum versagen sie in turbulenten Situationen?

Es ist nahezu unmöglich, hierfür allgemeine Erklärungsmuster zu suchen. Es ist eine Tatsache, dass die Führung von Menschen gerade in unserer Zeit zunehmend schwierig zu erlernen ist.

Ich erinnere eine Vorstandspräsentation der Hoechst AG. Nach einer wirtschaftlichen Analyse über ihr Pharmageschäft hatten das Team um Dick Forster und ich Ansätze für Schwachstellen in verschiedenen Märkten und bei verschiedenen Indikationsgebieten aufgezeigt – und damit den Zorn des Vorstandsvorsitzenden Wolfgang Hilger hervorgerufen.

Er empfand dies als eine Frechheit, zumal sein Unternehmen gut aufgestellt sei. Wir als McKinsey würden jetzt wie ein Architekt einfach nur weitere Arbeitsfelder im Unternehmen entdecken. Ich war perplex, denn eine solch empfindsame Antwort hatte ich noch nie bei einem Klienten erlebt. Hilger moserte weiter über Consultants im Allgemeinen und über meine Firma im Besonderen. Schließlich fasste ich mir ein Herz: »Herr Hilger, diese Anschuldigung nehmen Sie bitte zurück. Wir haben hier eine professionelle Verantwortung und wollen Ihnen einzig und allein aufzeigen, wo es im Unternehmen hakt.«

Es kam zu einem Contest, es ging darum, wer am lautesten war: »Reagieren Sie nicht wie eine beleidigte Leberwurst. Sie sind doch genauso an Aufträgen interessiert wie alle anderen ...« Die zwölf Vorstände blätterten eifrig in ihren Unterlagen, zumal sie wussten, dass Wolfgang Hilger sich auf keinen Fall entschuldigen würde. Eine beklemmende Situation. Sie endete mit Stillschweigen. Vor einiger Zeit schrieb einer der damaligen Vorstände, Karl-Gerhard Seifert, ein Buch über das Ende von Hoechst: *Goodbye Hoechst. Von Könnern, Spielern und Scharlatanen.*

Oft kommen die Karriereschritte mit einer Regelmäßigkeit von vier bis sieben Jahren, ohne dass die Fähigkeit, auf der nächsten Ebene mehr Menschen zu führen, mitgewachsen wäre.

Ob es 61 Prozent der Mitarbeiter sind, die mit ihren Chefs unzufrieden sind, oder deutlich weniger, ist unerheblich. Mitarbeiter in Unternehmen haben ein »Recht auf Führung«, das heißt, dass sich der Chef in ihre Rolle hineindenken kann, dass er für sie da ist und den Menschen als Ganzes sieht. Nur so kann man verstehen, dass Unternehmen wie die Lufthansa, BMW, Daimler, McKinsey und andere durchgängig als gut geführt bezeichnet werden und warum sie sich so lange in der Spitzengruppe halten.

Gut geführt heißt auch, dass die ganze Unternehmenskultur aufeinander abgestimmt ist, dass weit mehr Menschen als dort je eingestellt werden können sich bewerben und dass diese Unternehmen schon in den Hochschulen als erstrebenswerte Arbeitgeber bekannt sind.

Ein tiefes Interesse an Menschen und deren Entwicklung ist die beste Voraussetzung für gute Führung – und das Gegenteil stimmt ebenso. Ein Unternehmen, in dem Mitarbeiter als reiner Produktionsfaktor gesehen werden und die im Hause auch entsprechend betrachtet werden, hat keine Chance, als attraktiver Arbeitgeber wahrgenommen zu werden.

■

11

Schicksal Beförderung

Der Kampf uns Dasein, so befand einst der Pädagoge, Schulpsychologe und Gefangenenberater Laurence J. Peter, endet in der menschlichen Gesellschaft zwangsläufig in Sackgassen. Wer immer strebend sich bemüht, lautet »Peters Prinzip«, wird so lange befördert, bis er überfordert ist. Als Vergleich für dieses Prinzip zog der kanadische Wissenschaftler einen Frosch heran, der in einem Glas bei schönem Wetter mühsam auf seiner Leiter von Sprosse zu Sprosse klettert, bis er ganz oben ist. Nach landläufiger Ansicht hätte er es zu etwas gebracht, hätte es geschafft. Aber wer die äußerste erreichbare Stufe seiner Karriere erklimmt, verliert den Boden unten seinen Füßen.

Das Peter-Prinzip fand dann besonders in der Managementliteratur seinen Niederschlag – obwohl es von dem Autor als Satire gedacht war. Als der mahnende Pädagoge – er hatte gerade eine Professur für Erziehungswissenschaften an der University of Southern California in Los Angelos angenommen – sein Buch *The Peter Principle (Das Peter-Prinzip)* veröffentlichte, war es 1969. In den USA tobten die Demos gegen den Vietnamkrieg, »power to the people«, schrien die Studenten in Berkeley und anderswo. Die Autoritäten wurden dort und auch in Deutschland nachhaltig attackiert.

Der Inhalt des schmalen Werks ist schnell zusammengefasst: Jeder in einer Organisation will befördert werden, und er wird auch Ebene um Ebene befördert, bis er schließlich die Ebene der Inkompetenz erreicht hat, von der er nicht mehr weiterbefördert werden kann. Demzufolge haben wir in einem entsprechend langen Zeitraum und bei genügend Hierarchiestufen eine Situation, in der jede Position von jemand bekleidet wird, der diesen Job nicht machen kann.

Man kann es auch ganz plastisch und drastisch mit einem weiteren Bild beschreiben – nebst dem etwas harmlosen des Schönwetterfroschs –, nämlich mit dem von Vögeln auf Telegrafendrähten: Die Vögel auf dem unteren Draht werden von den oberen vollgeschissen, und sie selbst schauen von unten nach oben nur in Arschlöcher (so könnte es in großen Unternehmen ausschauen, muss es aber nicht).

Die Öffentlichkeit war äußerst interessiert, als die *Harvard Business Review* vor einigen Jahren einen Check über diese damalige Erkenntnis machte. Zum einen wurde kritisiert, dass bei der Verfassung des Peter-Prinzips keine Frauen und Minderheiten in Managementrollen existierten, sodass die Erkenntnis unvollständig sein musste. Die zweite Antwort war, dass nicht die Inkompetenz das Problem war, sondern dass Mitarbeiter Positionen erreichten, die in ihnen Angst und Depressionen auslösten, sodass deren Fähigkeit, etwas zum Erfolg zu führen, lähmte.

In den letzten Jahrzehnten wurde viel über das Peter-Prinzip geschrieben, insbesondere über die unteren Ebenen, denn sie schienen ja vielfach das Abbild des inkompetenten Managers zu sein. So haben etwa Case Western Reserve Management Professor Eric Neilsen und Jan Gypen eine spannende Erkenntnis im Umgang mit inkompetenten Chefs gewonnen: Operiert man in einem Minenfeld, kann man es einigermaßen beherrschen, wenn man sich als unterstellter Mitarbeiter folgende sechs Fragen stellt:

1. Ist mein Chef interessiert an meinem Weiterkommen – oder sieht er in mir einen Wettbewerber, der neutralisiert werden muss?

   Antwort: Ich sollte einen Chef haben, der an meinem Weiterkommen ein wirkliches Interesse hat.

2. Kann ich wirklich herausfinden, was mein Chef von mir will, oder muss ich es per zweiter Vermutung festmachen?

   Antwort: Ich sollte alles daransetzen, um aufzudecken, was er von mir will. Es gilt zu fragen: Was erwartet er von mir, wenn alles gesagt und getan ist?

3. Wird mich mein Chef beloben oder bestrafen, wenn ich Verbesserungsvorschläge mache?

   Antwort: Verbesserungsvorschläge sind immer gut, denn sie zeigen, dass man sehr intensiv nachdenkt, sollten also belohnt werden.

4. Kann ich meinen Job erfüllen?

   Antwort: Ich muss in der Lage sein, meinen Job zu machen, denn sonst wird man permanent die Retourkutsche erleben (»Kehre vor deiner eigenen Tür«).

5. Will ich meinen Chef imitieren – oder will ich mich von ihm distanzieren? Bin ich autark? Bin ich loyal?

   Antwort: Erst nachmachen – aber nicht immer –, dann später distanzieren. Die Autarkie nimmt im Verlauf der Zeit zu, da andere bessere Angebote bekommen. Loyalität wird erwartet und belohnt.

6. Sollte unsere Beziehung freundlich oder nur professionell sein?

   Antwort: Die Freundlichkeit hat Grenzen, deshalb gibt es Whistleblower.

Wenn diese Fragen einen Untergebenen zum intensiven Nachdenken anregen, dann zeigt sich, dass sie sehr viel Zeit und Energie zur Selbstverteidigung brauchen. Und wenn dann Neilsen und Gypen sagen: »Geh einfach zum Chef, zur Chefin und adressiere die Sorgen und Vorschläge bei ihm/ihr«, dann war das oft zu kurz gesprungen.

Als dann John J. Gabarro und John P. Kotter überlegten, was denn Untergebene wirklich tun konnten, fassten sie in ihrem zum Klassiker gewordenen Buch *Managing Your Boss* ihre eigenen Gedanken zusammen: Sie waren zu der Überzeugung gekommen, dass die Boss-Untergebene-Beziehung grundsätzlich adversarial ist, also konfliktreich. Es ist der Chef, der die Dinge ändern kann – er hat die Macht dazu. Doch es ist die Aufgabe der Untergebenen, dem Boss zu helfen, wie man sie führt. Der Untergebene sollte dem Chef sagen, wie er tickt – dazu muss er natürlich herausfinden, wie der Chef tickt. Er muss seine Stärken und Schwächen kennen und wissen, welch organisatorischen Pressionen er ausgesetzt ist. Der Untergebene sollte klar artikulieren, wenn die wechselseitigen Erwartungen unklar sind, wenn der Boss informiert werden muss. Er sollte die übertragenen Aufgaben erfüllen und um Hilfe fragen, wenn Not am Mann ist. Es sei nicht unüblich, dass der Boss mehr Infos braucht, die der Untergebene aber nicht natürlich liefert – und dass der Untergebene glaubt, dass der Chef viel mehr weiß, als er tatsächlich tut.

Der US-amerikanische Psychoanalytiker und Anthropologe Michael Maccoby hat auf diesen Erkenntnissen aufgebaut und sozialpsychologische Untersuchung an Managern in Großunternehmen seiner Heimat durchgeführt. Mittels ausführlicher Tiefeninterviews mit Führungskräften erforschte er ihre »Gesamtorientierung zur Arbeit, zu Wertvorstellungen und zur Eigenidentität«. So kam er »schließlich dazu, vier psychologische Haupttypen in der Technostruktur des Unternehmens zu nennen: den Fachmann, den Dschungelkämpfer, den Firmenmenschen und den Spielmacher. Dies sind Idealtypen in dem Sinne, dass nur wenige Menschen genau auf den Typ passen und die meisten eine Mischung von Typen sind. Aber in praktisch jedem Fall konnten wir uns einigen, mit welchem Typ eine Person am besten zu bezeichnen war, und fast immer stimmten dieser Mensch und seine Kollegen unserer Typisierung zu.«

Zu den Typen, die für ihn nicht ganz so ideal sind, zählt zum Beispiel der narzisstische Leader. Er beschreibt auch, warum eine Organisation ihn nicht ausschwitzt, warum er aber auch produktiv sein kann. Doch um ihn einigermaßen unter Kontrolle zu halten, braucht es den »toxic handler«, den Giftschranknutzer, und den alltäglichen Hero. Diese Menschen sind in der Lage, den Schaden eines schlechten Chefs zu korrigieren, die die Trauer, die Frustration, die Bitterkeit und den Zorn aushalten, die so endemisch in einem organisatorischen Leben sind.

Andererseits gibt es auch die Annahme, dass die meisten Leader auch Untergebene sind – und die meisten Untergebenen zugleich Leader. Was wiederum zeigt, dass die Untergebenen auf die Führungskräfte einen enormen Einfluss haben. In gewisser Weise sind die Fähigkeiten eines guten Chefs ziemlich ähnlich den Fähigkeiten guter Mitarbeiter. Wenn dem aber durchgängig so wäre, hätte es des Peter-Prinzips wohl nie bedurft.

Noch immer hat das Peter-Prinzip eine enorme Relevanz:

> 57 Prozent der Arbeitnehmer sind der Meinung, dass ihr Chef inkompetent, dass seine Führungsfähigkeit unbefriedigend und er ein schlechtes Vorbild ist. ■

Mag er fachlich in Ordnung sein, aber als Führungskraft ist er wenig geeignet. Aus meiner eigenen Erfahrung würde ich die Zahl der beobachteten Topmanager, die man als inkompetent bezeichnen kann, auf ein gutes Drittel schätzen.

Nach dem britischen Unternehmer Richard Branson (Virgin Group) können folgende drei Wege helfen, um das Peter-Prinzip zu überwinden:

- Mentoren, erfolgreiche Coaches, Berater – sie sind unschätzbar, um einen bei Unsicherheiten durchs Leben zu navigieren.
- Begebe dich in Gruppen, um neue Technologien, neue Tools und Ressourcen zu lernen, um das sich verändernde Gesicht des Marktes zu verstehen.
- Intuitives Denken – finde einen Platz, an dem du niemals zuvor warst.

11.1 Was sind die häufigsten Ursachen für die Entstehung des Peter-Prinzips?

Menschen wollen aufsteigen – und damit gehen (oft sichtbarer) Status, Gehalt, Absicherung sowie die Möglichkeit einher, den eigenen »Marktwert« anderswo besser anbieten zu können. Viele große Unternehmen haben Strukturen von der untersten Ebene bis zur Geschäftsführung, in denen eine Beförderung zur Norm geworden ist. Fast vergleichbar ist diese Norm mit der Regelbeförderung von Beamten, jedenfalls dann, wenn die Staatsdiener keine »silbernen Löffel« klauen. Man muss nicht unbedingt die maslowsche Bedürfnispyramide heranziehen, an deren Spitze die Selbstverwirklichung steht, weshalb das Streben nach oben, nach sichtbarer Anerkennung ein Grundprinzip ist.

Nun kann es aber passieren, dass die Beförderung in vermehrtem Ausmaß mit Führungsaufgaben verknüpft ist, etwa durch eine zusätzliche Verantwortung in Tochtergesellschaften, bedingt durch Beteiligungen oder ausländische Kooperationspartner. Vereinfacht dargestellt: Der Aufstieg verlangt ein deutliches Mehr an Führung, und verbunden sind damit auch wesentlich größere Risiken. Und da – ähnlich wie im Profifußball oder in der Politik – der Nächstbeste schon wartet, werden Schwächen gnadenlos erkennbar und direkt oder indirekt angeprangert. So kann sich zeigen, dass Beförderungen vorgenommen wurden, die den Beförderten auf die Ebene der Inkompetenz gehoben haben. Sichtbar wird dies durch Entscheidungsschwäche, durch Einberufung von Arbeitskreisen, lange Auslandsreisen sowie durch krasse Fehlentscheidungen in der Sache oder in Personalentscheidungen. Ein weiterer Hinweis ist oft auch ein überaus freundlicher Umgang mit dem Betriebsrat oder der Presse. Mit anderen Worten: Es wird sichtbar, dass eine Führungskraft es nicht mehr packt.

11.2 Eskapismus – und dann bin ich nicht mehr im Büro

Der Eskapismus ist ein entscheidender Punkt, um Führungsschwäche zu offenbaren, denn: Reisen kann ein Leader/Manager immer. Gerade Menschen in exponierten Situationen sind der Gefahr ausgesetzt, sich eskapistisch zu verhalten. Man kann Konferenzen besuchen, Einladungen aussprechen und Gegeneinladungen annehmen. Damit will ich nichts Grundsätzliches gegen solche Events sagen – aber die Menge macht's. Verbringt eine Führungskraft über ein Drittel der Zeit auf solchen Einsätzen, sind das deutliche Zeichen von mangelnder Führung. In einem solchen Fall beginnt sie nämlich nicht mehr zu fragen: »Mache ich das, was wichtig ist?«, sondern sie verinnerlicht das Denken: »Das, was ich tue, ist grundsätzlich wichtig.« Letztlich ist das eine Flucht vor den realen Anforderungen in eine imaginäre Welt, in eine Scheinwelt.

Eine Begegnung mit Berthold Leibinger, einst Vorsitzender der Trumpf AG – die Trumpf-Gruppe in Ditzingen bei Stuttgart gehört zu den weltweit größten Anbietern von Werkzeugmaschinen –, sei wiedergegeben: Nach einem gut einstündigen Gespräch bei Leibinger sagte er mir, dass McKinsey ja viele nützliche Instrumente wie Return on Sales (ROS; zur Berechnung der Umsatzrendite) oder Cashflow entwickelt habe, aber vermutlich wisse ich nicht, was SNS bei Trumpf bedeute. In der Tat wusste ich das nicht. Verschmitzt erklärte er mir: »Des hoisst schaffe, net schwätze.« SNS hat sich zu einem Ausspruch in Unternehmerkreisen entwickelt – und laut Nicola Leibinger-Kammüller, die 2005 den Vorsitz des Unternehmens übernahm, ist er noch so lebendig wie zu Lebzeiten ihres Vaters.

Schaffe, net schwätze! ■

Das Management von heute braucht Zeit für strategische Themen, viel mehr als früher. Eine Führungskraft muss möglichst schnell Entscheidungen fällen, möglichst deutlich und möglichst effizient, Man kann sich für strategische Weichenstellungen nicht wochenlang Zeit lassen, und auch durch den E-Mail-Austausch hat sich die Kommunikation beschleunigt. Möglichst rasch wird eine Antwort erwartet. Augenblicklich muss erkannt werden, wann neu entschieden werden muss. Wenn das nicht gelingt, bringt sich ein Unternehmen unweigerlich in Schwierigkeiten. Das Wichtige wird dann vernachlässigt, man verzettelt sich in Nebensächlichkeiten.

Lutz Merkle, früherer Bosch-Chef, sah die Gefahr von Eskapismus und machte sie zu einem Pflichtthema auf Führungsseminaren. Den Geschäftsführern empfahl er, zweimal im Jahr die Großkunden aufzusuchen, viermal im Jahr die ausländischen Tochtergesellschaften, dazu sollten sie alle vier Wochen in jedem inländischen Werk vorbeischauen. Diese Reisen waren aber dazu angetan, mehr über die Produkte zu erfahren, über Kunden und Mitarbeiter. Das beinhaltete eine intensive Arbeit vor Ort, Fluchten waren nicht möglich. Merkle selbst war ein großer Schaffer, er begann den Tag um sieben und schaute immer wieder auf den Firmenparkplatz, um die Ankunftszeit der Kollegen zu checken.

Was kann man in einer solchen Situation tun, wenn der Mangel an Führung durch einen Anschein von äußerer Geschäftigkeit und Bedeutung übertüncht wird?

Drei Wege sind denkbar:

- Zurück auf Los: Man setzt den Beförderten wieder auf seinen vorherigen Platz und macht dies in einer Form, die ihn persönlich nicht über Gebühr strapaziert. In großen Unternehmen gibt es unterschiedliche »Silos«, funktionale Abteilungen, in denen solch eine Zurückstufung nicht bemerkt wird. Bei der Vermeidung von Peter-Prinzip-Fällen können natürlich von vornherein bestimmte Zeitrahmen helfen - bei McKinsey waren die Managing Partners an der Spitze drei Jahre im Amt, dann mussten sie neu gewählt werden. Ein Office Manager diente üblicherweise fünf bis sechs Jahre, dann ging's zurück ins Glied. Bei Wirtschaftsprüfungsunternehmen gibt es ähnliche Vorgehensweisen. Rotary-Präsident wird man immer nur für ein Jahr, die europäische Ratspräsidentschaft wechselt alle sechs Monate, und die Schweizer Eidgenossenschaft hat eine ähnliche Regel für ihre Präsidenten. Es gilt jedoch: In Unternehmen sollte die Korrektur nicht zu deutlich werden.

- Hilfreich kann sein, wenn man eine seitliche Arabeske findet. Die Führungskraft wird quasi auf derselben Ebene (lateral) versetzt, wobei darauf geachtet wird, dass die sichtbar gewordenen Schwächen dort weniger entscheidend sind. Ich kenne sehr überzeugende Beispiele, bei denen man Manager aus der Linie in den Stab versetzte, wo sie mit externen Aufgaben in Verbänden oder Kooperationspartnerschaften betraut wurden. Auch hier gilt, dass die Unternehmensspitze durchgreift, anstatt eine schwache Besetzung länger zu tolerieren.
- Counselling to leave: Manchmal ist es sinnvoll, einer Führungskraft nahezulegen, dass es ein Leben nach der jetzigen Berufsphase gibt. Man sollte sie dann dabei unterstützen, mit ehrlicher Referenz einen neuen Job zu finden. Mehrfach habe ich verfolgen können, dass Kollegen, die es bei McKinsey nicht mehr schafften, sehr erfolgreich gute Positionen in Unternehmen von Klienten einnahmen. Vor einiger Zeit mussten bei Moelis, einer kleinen New Yorker Investmentbank, Direktoren gehen, die dann bei größeren Banken sehr effektiv wirkten.

11.3 Qualität und immer wieder Qualität

Die Qualität von Führungskräften ist ein wesentlicher Erfolgsfaktor eines jeden Unternehmens – ungenügende Besetzungen schaden ihm. Diese Qualität fortlaufend systematisch zu hinterfragen und konsequent Korrekturen einzuleiten, ist eine der vorrangigsten Aufgaben des Topmanagements.

Als Klaus Zumwinkel die neuen Postleitzahlen einführen musste, rechnete man in Deutschland mit einer Zeit von einem halben Jahr – es dauerte genau zwei Wochen, bis 99 Prozent aller Briefschreiber umgestellt hatten.

Als die Finnen den Fisch-Stil im Skifliegen propagierten, die Holländer die Klappschlittschuhe, die US-Amerikaner den Fosbury-Flop (eine Hochsprungtechnik) und die Italiener die Viererabwehrkette im Fußball, hingen die Deutschen weit hinterher. Man sprang noch mit vorgestreckten Armen von der Schanze, man hatte die alten Schlittschuhe, man straddelte über die Hochsprunglatte und verteidigte im alten WM-System. Wir waren in allen Disziplinen »fast followers«. Es gibt auch viele Beispiele, wo wir die technischen Erfinder waren, doch Konkurrenten aus der ganzen Welt haben es dann schneller kommerzialisiert (Faxgerät, Drehkolbenmotor).

In den folgenden Kapiteln möchte ich Erfolgsfaktoren beschreiben, die eine gute Führung ausmachen.

12

Erster Erfolgsfaktor – der Wille, zu managen

Lange haben sich Wissenschaftler über uns Menschen Gedanken gemacht. Was ist vererbt, was anerzogen? Welchen Einfluss hat die Umwelt auf uns? Über viele Generationen versuchte man, Antworten zu finden, erst jetzt hat man mehr Klarheit gewonnen. Hirnforscher wie Gerhard Roth erklären, dass die Intelligenz eines Menschen zu etwa 50 Prozent angeboren ist (auf diesen Wert kommen nahezu alle Experten, gleich welchen ideologischen Lagers). Heute wird vermutet, dass von unseren rund 25 000 Genen (mehr besitzen wir nicht) etwa 15 000 fürs Gehirn zuständig sind. Daher gibt es hochkomplexe erbliche Vorbedingungen, die das Wachstum des Hirns und die Zahl der Nervenzellen bestimmen und wie sie miteinander interagieren, ob sie Signale rascher oder langsamer weiterleiten. Gehirnentwicklung, Gehirnreifung und Lernen bedingen also einander, stützen sich gegenseitig.

Besonders wichtig ist hierbei die Unterscheidung von dem eigenen Ich und den anderen. Dieser Schritt ist eine wichtige Voraussetzung dafür, dass jemand seine Leistungen einschätzen kann. Er ist in der Lage, die anderen zu beobachten, sich zu vergleichen mit den anderen. Mit dieser Fähigkeit beginnt ein Mensch in jungen Jahren, eine eigene Persönlichkeit aufzubauen.

12.1 Ohne Umwelt sind wir nichts

Tatsache ist also, dass sich die Struktur unseres Gehirns in weitaus höherem Maße als bislang angenommen unter dem Einfluss der Umwelt, der Eltern, der Mitmenschen aufbaut. Die Gene sind mithin keineswegs so mächtig, wie das seit ihrer Entdeckung lange Zeit angenommen wurde. Gezeigt hat das die Wissenschaft der Epigenetik, die dem nachgeht, was unsere Gene steuert, ohne dass sie verändert werden müssen. Das heißt:

> Wer wir sind, sind wir immer nur in Wechselwirkung mit unserer Umwelt.

Wir lernen aus dem Verhalten der anderen, aus unserer Interaktion mit dem, was uns umgibt. Es ist ein dauerndes Wechselspiel von Geben und Nehmen. Wir speichern, was wir erleben, denken und fühlen, probieren Alternativen aus, um mit den Unwägbarkeiten der Entscheidungsfindung umzugehen, lernen auf diesem Weg, dass es eine Grundregel in unserem Gehirn gibt: The winner takes it all. Hans-Otto Thomashoff, Psychiater und im Beirat der Sinn-Stiftung des Neurobiologen Gerald Hüther schreibt dazu: »Der Gewinner bekommt die ganze Aufmerksamkeit geschenkt.« Schon bei der Erwartung von Erfolg wird im Gehirn der Botenstoff Dopamin ausgeschüttet, der im Köper wie eine Belohnung wirkt. Und weil es dieses System gibt, sind wir stetig auf der Suche nach Neuem, haben einen Drang nach aktivem Bewirken und Gestalten. Sind gleichsam voll motiviert.

Da fragt man sich: Kann man angesichts dieser Erkenntnisse eine Führungskraft heranziehen?

Sicher, das Verhalten der Eltern trägt zur Persönlichkeitsentwicklung bei, und der Familienzusammenhalt kann enorm positive Wirkungen haben. Da die heutigen Manager aber nicht selten als Einzelkinder aufwachsen, kommt den Einflüssen von Kindergarten, Schule, Sportverein und Jugendgruppen eine große Bedeutung zu. In den Zeiten des Wirtschaftswunders (bis Ende der 60er-Jahre) wurden häufig Führungskräfte berufen, die aus kinderreichen Familien stammten - anscheinend hielt man sie für teamfähiger, hatten eine bessere Balance vom Ich und den anderen.

Entscheidend für das Persönlichkeitsprofil sind die vermittelten Werte.

Mit der Volljährigkeit hat man ein Muster an Ehrgefühl, Demut, Dankbarkeit, Disziplin, Leistungsbereitschaft und Freundschaft entwickelt, das einen durchs Leben begleitet und sich nur an den Rändern verändert. Die Bezeichnung »kommt aus gutem Hause« sollte man also nicht überstrapazieren, denn ein gesittetes Elternhaus kann es in allen sozialen Schichten geben.

12.2 Schon früh eingeübt

In der Zeit der ersten Gastarbeiterwelle (ab 1960) erlebten wir viele Eltern, die aus Italien und damals noch Jugoslawien zu uns reisten, bei Daimler oder BMW schafften und dann in Deutschland ihre Kinder zur Welt brachten. Der Verlust der Heimat, der Sprache nicht mächtig, mit den Sitten nicht vertraut - es war erstaunlich zu sehen, wie manch Arbeitsmigrant seine Kinder aufs Gymnasium schickte, sie später unterstützte, eine akademische Ausbildung zu absolvieren, sodass sie ganz wesentliche Rollen in unserer Gesellschaft einnahmen. Die Liste der Bundesligakicker und der Trainer (etwa der jetzige Coach des FC Bayern, Niko Kovač, und der sportliche Leiter Hassan Salihamidžić), ebenso die Anzahl der Lehrerinnen, Erzieherinnen, Journalisten, Anwältinnen oder Politiker aller Parteien sind ein eindrücklicher Beweis hierfür.

Der nicht unumstrittene Trigema-Chef Wolfgang Grupp erzählte einmal, dass er über 20 Näherinnen aus syrischen Flüchtlingslagern beschäftigt und dass er mit viel Einsatz die Rückführung eines jungen Maschineneinrichters aus Gabun verhinderte. Solche Beispiele erinnern mich an meine Familienmitglieder (Tante Emma und Onkel Karl), die Anfang der 20er-Jahre mit 15 und 17 in die USA zu einer Verwandten geschickt wurden und sich dort etablierten.

Ich bin in einer Zeit groß geworden, in der der Satz »Ihr sollt es einmal besser haben« eine stehende Redewendung war. *Besser* bedeutete zunächst, nicht in den Krieg ziehen zu müssen wie Vater, Großvater und Urgroßvater, es bedeutete aber auch die Verinnerlichung einer Wertvorstellung: »Lerne, leiste, schaffe was, dann kannst du, hast du, bist du was.« Lernen ohne Unterlass war positiv besetzt. Ich selbst stamme aus bäuerlichen Verhältnissen, wie viele aus unserem Dorf. Wir hatten vier Kühe, zwei Schweine, drei Ziegen zwölf Gänse, 14 Hühner und einen Gockel. Es gab schon von Kindesbeinen an viel zu tun. Wenn andere Kinder spielen durften, mussten mein jüngerer Bruder Siegfried und ich die Scheune ausfegen, die Garben an der Dreschmaschine abnehmen, Vesper holen, Tiere füttern, Ausmisten, Milch abliefern … Es hörte nie auf.

Unsere sehr christlich geprägte Mutter gab aber noch mehr vor: »Es wird gegessen, was auf den Tisch kommt.« – »Man erhebt sich nicht vom Tisch, ohne etwas mitzunehmen.« – »Man lässt nicht das Licht brennen.« – »Man isst einen Apfel bis zum Stil auf.« – »Man betet vor dem Essen.« – »Man geht sonntags in die Kirche.« – »Fußballer schaffen doch nix, sie hocken viel zu viel in den Wirtschaften rum.« Meine Mutter war eine überaus kommunikative Frau, sie kannte alle im »Flecken« und war bei meinen Kameraden ob ihrer Natürlichkeit sehr beliebt.

Ich riss mich dann auch um das Ausschmücken der Kirche vor der Konfirmation, wobei ich sechs Freiwillige organisierte und die Aufgaben einteilte. Die Gestaltung der Weihnachtsfeiern im Verein oder in der Schule, sie lag in meinen Händen. Und wenn es darum ging, unsere Hütte am Feldberg nach dem Winter wieder auf Vordermann zu bringen – ich war dabei und hatte meist auch eine gewisse Leitungsfunktion inne. Bei Vereinsfeiern, Frühlingsfesten oder Übungen der freiwilligen Feuerwehr erlebt man häufig natürliche Führungstalente, denen Gruppen gerne folgen.

Ich jedenfalls hatte diesen Willen, all diese Dinge unbedingt tun zu wollen – die Aussicht auf Lob, auf Belohnung motivierte mich. So schweißtreibend dieser Weg über Motivation, Handlung und Erfolg auch manchmal war, doch die Vorfreude ließ mich agieren. Heute weiß man:

Das in freudiger Erwartung ausgeschüttete Dopamin steigert die Lernfähigkeit im Gehirn.

■

Ähnlich musste es auch bei Berthold Beitz gewesen sein, Generalbevollmächtigter bei Alfried Krupp. Er wurde bei McKinsey ein hochgeschätzter Klient, dem ich noch bis kurz vor seinem Tode helfen durfte (seine Hofhaltung in der Villa Hügel hatte etwas Monarchisches, sein Auftreten war jeder Zoll ein Herr). Beitz' Präsenz spürte bei Krupp jeder, vom Portier bis zu den Geschäftsführern und Kollegen. Er ließ die Arbeiter nie aus seinem Gesichtsfeld. O-Ton: »Meine Divisionen stehen links.«

Oder bei Helmut Schmidt. Ihn bewunderte ich insbesondere wegen seines Handelns bei der Hamburger Sturmflut 1962 (er hatte gegen das Grundgesetz verstoßen, als er die Bundeswehr zur Rettung vom Wasser eingeschlossener Menschen einsetzte) und seines entschlossenen Vorgehens in Mogadischu (1977). Er konnte es sich leisten, anlässlich einer Laudatio für die Kronberger Veranstaltung des *manager magazins* den anwesenden Managern ob ihrer hohen Gehälter die Leviten zu lesen.

Die großen Nachkriegschefs wie Heinrich Nordhoff (VW), Hermann Josef Abs (Deutsche Bank), Wolfgang Schieren (Allianz), Bernhard Plettner (Siemens), Hans-Günther Sohl (Thyssen) oder Egon Overbeck (Mannesmann) erlebte ich in wenigen Begegnungen, doch sie alle strahlten das Chefsein in sämtlichen Facetten aus. Sie hatten die Leadership-Qualität, die sie deutlich über andere hob, und deren Mitarbeiter trauten ihnen und umgekehrt.

Vor einigen Jahren veranstaltete ich mit anderen Rotary-Klub-Mitgliedern ein Treffen von Klassensprechern der rotarischen Jugend in Aying, einer Gemeinde südöstlich von München. Es verwunderte mich nicht, dass wir bei einem Faktencheck herausfanden, dass alle Klassensprecher bedeutsame Führungskräfte geworden waren.

12.3 Führungs-DNA

Der in Aussicht gestellte Erfolg – nennen wir ihn einfachheitshalber DNA-Faktor – hat zwei Aspekte: Zum einen können wir herausfinden, ob in der DNA eines Kandidaten schon frühes Führungspotenzial sichtbar wurde – idealerweise dazu die Schulzeit und die Studien- beziehungsweise Lehrzeit herannehmen und durchleuchten. Ist das geschehen, gilt genau zu hinterfragen, wie eine frühe Führungserfahrung den Menschen weiter geprägt hat. Natürlich gibt es die Spätentwickler, aber die Wahrscheinlichkeit der frühen Demonstration von Führungsanlagen korreliert doch stark mit der späteren Entwicklung.

Die zweite Dimension ist die Selbsterkenntnis: Wenn ich zu irgendeinem Zeitpunkt merke, dass meine frühe Führungsbefähigung abgefragt, also positiv gesehen wird, dann kann es sinnvoll sein, die Komfortzone zu verlassen und frühe Zeichen von Führungsinteressen zu setzen.

Der Wille zur Führung muss vorhanden sein, aber es braucht auch eine entsprechende Befähigung. Diese kann auch erlernt werden. ■

Die Organisationslehre hat sich früh mit dem Phänomen der Gangleader befasst – ausgelöst auch durch die rivalisierenden Gangs in dem Musical *West Side Story*, in dem die Sharks und die Jets Jugendliche um sich sammeln und binden. Festgestellt wurde, dass die Richtung und die innere Organisation einer Gruppe fast automatisch bestimmt werden durch einen natürlichen Gangleader. Bei Musikgruppen und beim Straßenfußball funktioniert das ähnlich, da sind es meist die besten Musiker beziehungsweise die besten Kicker, die die Band oder die Mannschaft zusammenstellen dürfen.

13

Zweiter Erfolgsfaktor – Chancen nutzen

Joachim Milberg erzählte einst, dass er, als er Chef von BMW wurde, in der Zeitung über sich las: »Chance haben Sie keine – also nutzen Sie sie.« Er hat die nicht bestehende Chance als neuer BMW-Vorstandsvorsitzender genutzt – und wurde für seine Verdienste in die »Hall of Fame« des *manager magazins* berufen.

Man schrieb das Jahr 1991, die Lufthansa war nach der Ära von Heinz Ruhnau in Schieflage geraten – und ein neuer Chef musste gefunden werden. Man fand ihn im Haus und beförderte Jürgen Weber, den Generalbevollmächtigten der Technik, zum Chef. In vielen Kommentaren wurde damals von einem Kompromisskandidaten beziehungsweise von einem Übergangschef gesprochen. Weber ergriff die Chance, scharte eine Gruppe Gleichgesinnter um sich, sortierte einige Querulanten und Wichtigtuer aus – und sanierte die Lufthansa in wenigen Jahren. Er wurde der allseits geachtete und beim Personal hochgeschätzte Chef und machte die Lufthansa zum Zentrum der Star Alliance.

Als ich an der Münchner Uni immer mal wieder Unternehmer einlud – und in der Aula damit ganze Nachmittage beim »Tag des Unternehmers« als Moderator bestritt und über 800

Studierende hauptsächlich aus den wirtschaftswissenschaftlichen Fakultäten anzog –, war auch einmal Erich Sixt zugegen. Damals war sein Unternehmen noch nicht mal halb so groß wie heute. Er sollte am eigenen Beispiel darlegen, welche beruflichen Chancen sich für Diplom-Kaufleute und Diplom-Volkswirte ergeben könnten. Sixt erzählte dann, wie er nach einem Semester BWL für einen Onkel ein Auto nach England überführt habe und damit sein erstes Geld verdiente. Selbiges wiederholte er im kommenden Semester, aber nicht nur einmal, sondern mehrere Male. Dadurch verpasste er einige Vorlesungen und Scheine. Er beschloss, dieses System seines Onkels – Autos anzukaufen – zu seinem ersten Berufseinstieg zu machen. Und er entschied, das Studium zu schmeißen. Sixt meinte, er hätte seine Chance ergriffen, sei damit erfolgreich gewesen.

Der Beifall der Studenten war verhalten. Einige fragten, ob er denn auch abgesichert gewesen sein (was er nicht war), ob er es nicht bereut hätte, nie das Studium beendet zu haben (hatte er nicht). Es war spürbar, dass für viele Studenten ein Job im öffentlichen Dienst oder bei Großunternehmen erstrebenswert war. Es war klar, dass sie solche Chancen nie ergreifen, sie auch erst gar nicht erfassen würden. Es fehlte diese ansteckende Energie.

Von nichts kommt nichts: Chancen müssen erkannt und auch ergriffen werden!

■

Ich erinnere mich auch, wie ich in den ersten Wochen an der University of California in Berkeley im Coffeeshop den polnischen Wissenschaftler Jerzy Neyman traf, den großen Mathematiker und Statistiker, nach dem der Pearson-Neyman-Korrelationskoeffizient benannt wurde. Er schien interessiert an meinem Dissertationsthema über die Schichtung von

Stichproben und schaute sich meine Gleichungen an. Spontan kommentierte er: »Das liefert keine aussagekräftigen Ergebnisse.« Ich spürte, hier war ein ganz Großer, der mir enorm weiterhelfen konnte. Noch weitere fünfmal verabredeten wir uns im Coffeeshop – danach hatte ich zumindest herausgefunden, welche Annahmen über Verteilungen und ihre Parameter wenig hilfreich waren und wie nur eine Approximation zu einer annäherungsweise optimalen Lösung führen konnte. Die so gewonnene Einsicht ersparte mir sicher über sechs Monate des Nachdenkens, sodass ich schließlich mit der Überprüfung von Approximationslösungen weitere zwölf Monate später promovieren konnte. Chance genutzt – und viel gewonnen dabei.

Im Mai 2019 hatte ich in San Francisco Gelegenheit, durch das dortige Chinatown zu gehen (wie wir es auch in Vancouver oder New York oder London finden). Es ist einzigartig zu sehen, wie sich in diesem Chinatown die alte Kultur, die traditionellen Speisen, die medizinischen Heilkünste noch nach vielen Generationen gehalten haben. Die Vorfahren waren häufig beim Bau der Eisenbahn beschäftigt gewesen, und als die dann mit der Strecke in der Mitte des riesigen Kontinents ankamen, durften die Arbeiter zurück an die Küste und schauen, wo sie blieben. Schätzungsweise über 20 Millionen Auslandschinesen leben in Südostasien, den USA und Europa – überall als sehr arbeitsam und sparsam geschätzt. Der Aufstieg der nächsten Generation ist derzeit auch bei den Tausenden chinesischen Studierenden in unseren und den US-amerikanischen Hochschulen zu sehen. In jedem meiner Seminare (durchschnittlich 30 vorher selektionierte Teilnehmer) sind sieben bis zehn Chinesen, megamäßig tüchtig, immer besser Englisch sprechend und zunehmend individueller geprägt. Auch hier wurden immer wieder Chancen genutzt.

13.1 Gelegenheiten beim Schopf packen

Seit der Zeit meines Lehrabschlusses 1961 wurde ich vom Landesgewerbeamt Baden-Württemberg gefördert. Der Einserabschluss (mündlich und schriftlich) war der Anlass zu einem Begabtenseminar der Landesregierung auf dem »Klippeneck«, wo weitere 25 Einserabsolventen der Industrie- und Handelskammern zusammengezogen wurden. In zwei Wochen wurde uns durch viele spannende Vorträge klargemacht, dass wir eben nicht »ausgelernt« hatten, sondern dass wir weiter auf höhere Schulen sollten und dass das Land uns dafür ein Stipendium geben würde.

Dank an Baden-Württemberg, diese Maßnahme im Alter von 19 Jahren war segensreich. Ich lernte viele andere »Begabte« kennen und war überzeugt, jetzt – statt der recht kommoden Sachbearbeiterzeit bei der Deutschen Shell (damals 550 D-Mark pro Monat) – ein Studium an der neu gegründeten Höheren Wirtschaftsfachschule in Siegen zum graduierten Betriebswirt anzustreben. Chance ergriffen – der spätere Lebenslauf wurde entscheidend verändert.

Bei der Deutschen Shell erlebte ich, wie junge Vertriebskaufleute an die Uni gingen und als promovierte Kollegen zurückkamen – und ich war überzeugt, dass ich es ähnlich machen würde. Später arbeitete ich ja bei der Eisen- und Blechbearbeitung von Alfred Gnida in den Semesterferien in Nürtingen – und spürte auch dort, dass man, während andere Studienkollegen Post austrugen oder Hilfsdienste auf dem Bau machten, im Alter von 20 Jahren schon entscheidende Impulse geben konnte. Die Betriebsverfassung, die Einrichtung einer Kantine und schließlich das neue Preissystem fußten auf meinen Ausarbeitungen.

Die Zeit bei McKinsey bestand letztlich vom ersten Tag an mit der Erwartung, ein Selbststarter zu sein, Gelegenheiten beim Schopf zu fassen und jeden Stein umzudrehen. Und so hatte ich nach einer kurzen Zeit in Holland bei Thyssen-Bornemisza die Chance, bei Boehringer Ingelheim zu wirken. Hier konnte ich sehr stark auf meine praktischen Erfahrungen in der Lehrzeit zurückgreifen. Und als ich schließlich einmal ein detailliertes Konzept für die Grenzkosten den Ärztebesuchern des Pharmaunternehmens vorstellte, musste ich lernen, dass dies zu einem erheblichen Gewinneinbruch führen würde. Vertriebsleute passten gerne ihre Preise nach unten an.

Häufiger werde ich von jungen Menschen gefragt, ob sie einem bestimmten Golfklub, einem Rotary- oder Lions-Klub beitreten sollten, das könnte doch die Karriere fördern. Meine Antwort darauf ist stets dieselbe: Man würde die Absichten merken, man würde durchschaut werden. Die Zeit, die dafür draufgeht, sollte man besser in dem angestammten Sportverein, in der Uni, in sinnvollen Kooperationen (Atlantik-Brücke, American Academy, IHK-Nachwuchs) verbringen – dort lernt man Dimensionen, die auf der »normalen Hierarchieebene« liegen. Bei McKinsey waren Eintrittsinterviews, die durch spezielle Verbindungen zustande kamen, meist ein Downer. Man suchte Selbststarter, wollte wissen, was man schon Ungewöhnliches geschafft, gelesen und in welchen Situationen man Fehler gemacht hatte oder enttäuscht war.

13.2 Auch Fußböden können eine Chance sein

Noch eine kleine Begebenheit über meine Associate-Zeit: Dynamit Nobel, einst ein Chemie- und Rüstungsunternehmen, hatte damals auch die Sparte Mipolam, die Fußböden herstellte (PVC und Tuftings mit dreidimensionalen Textilflächen). Der damalige Chef erzählte uns in einem der ersten Interviews, dass eine große Stärke von Mipolam der autonome Vertrieb sei: »Wir haben 42 Vertriebsniederlassungen, und die verkaufen ausschließlich unsere Ware. Nirgendwo sonst können sie diese Qualitätsfußböden beziehen!« Ich war dabei, meine Analysen zu Charts zu formen, aber diese fundamentale Aussage über den speziellen Vertriebsweg weckte in mir Bedenken. Da wir mit unserem Büro gerade in Düsseldorf in die Jägerhofstraße umziehen wollten, rief ich an einem Freitagnachmittag bei zwölf nicht autorisierten Fußbodenverlegern im Raum Düsseldorf an und fragte, ob sie uns 2400 Quadratmeter Mipolam 220 liefern könnten. Statt der erwarteten Antwort, dass das leider nicht gehe, dass sie aber gerne DLW beziehungsweise Dura Tufting liefern würden, kam unisono die Antwort: »Das können wir sehr gerne zu jedem Zeitpunkt.« Und zu Preisen, die in etwa auf der Ebene der Mipolam-Preisliste lagen.

Ich bastelte an einem Schaubild, überschrieben mit dem Satz »Mipolams Vertriebsweg scheint nicht so exklusiv«, und kommentierte mit Namen der nicht autorisierten Verleger, die bereit waren, Mipolam zu liefern. Es war ein Hit! Ohne große Statistiken, mit einem reinen Misstrauensgefühl hatte ich ein Management entlarvt. John McDonald, mein Office Manager, war dabei, und er war von meinem praktischen Ansatz so angetan, dass er mich in die Kategorie der besonders förderungswürdigen Associates aufnahm.

Es gab viele Chancen, und ich habe sie sämtlich genutzt. Ich habe Artikel geschrieben, Reden anlässlich von Fachmessen gehalten, Workshops veranstaltet – alles Initiativen, zu denen mich keiner ermuntern musste. Als mich Werner Niefer 1985 einmal zu seinem Freund Lothar Späth mitnahm, entwickelte sich daraus eine Freundschaft zwischen Späth und mir, die unter anderem zur Produktion von fünf gemeinsamen Büchern führte.

Es ist dieses Verlassen der Komfortzone, das bei McKinsey verlangt und das sehr positiv bewertet wurde. Sehr wichtig ist dabei das eigene Standing im Verhältnis zu anderen: Schon in Berkeley war mir aufgefallen, dass es Studenten gab, die deutlich besser abschnitten als ich und die meinen Ansporn entfachten. Bei McKinsey war die relative Position das gelebte Arbeiten – und als ich nach viereinhalb Jahren Partner wurde, war innerhalb der Firma klar, dass die Meritokratie dafür verantwortlich war.

Wenn ich heute beobachte, wie schwierig es oft für junge Menschen ist, ihre Komfortzone zu verlassen, wie häufig das Chillen, das Herumhängen mit Buddys, den Tagesablauf bestimmt, dann wird mir klar, weshalb wir solch ein großes Führungsdefizit haben.

Chancen gibt es überall, nicht nur im Beruf, man muss sie nur ergreifen.

Häufig habe ich bei Rekrutierungen in den Interviews gefragt, welche ungewöhnlichen Dinge jemand verändert hat, und war dann sichtlich enttäuscht, dass dies eben nicht auf der Agenda stand.

13.3 China – ein Land, das Lernen als Chance nutzt

Erst in jüngerer Zeit habe ich mich in die Geschichte Chinas hineingearbeitet (seit vier Jahren lerne ich Mandarin), im 18. Jahrhundert strahlte der Glanz des chinesischen Kaiserreichs bis nach Europa. Immanuel Kant nannte das Land der Mitte das kultivierteste Land der Welt, der Aufklärer Gottfried Wilhelm Leibniz lobte ihre Herrscher als »weise und wissensdurstig« und ihre Völker als »liebenswert und respektvoll«. Und der Franzose Voltaire stellte gar die chinesische Sittlichkeit über die der katholischen Kirche. Alle Achtung. Die Chinesen wiederum haben eine große Hochachtung vor Deutschland (Deguo), für sie ist es das Land der Tugend – obwohl es 1900 mit zu den acht westlichen Nationen gehörte, die den Boxeraufstand niederschlugen. Die Tongji-Universität in Schanghai ist eine Schwerpunktuniversität, einst wurde sie gegründet von der deutschen Regierung und deutschen Ärzten, im Jahr 1907.

Ich wiederum habe unter anderem festgestellt, dass China eine einzigartige Lernkultur hat – das Lernen und die Weisheit haben einen prominenten Platz. Nur die Besten der Besten kamen an den Kaiserhof und durften sich Beamte nennen. Man kann davon ausgehen, dass auch heute noch die Besten nach ihrer Leistung befördert werden und nicht nach ihrer Herkunft.

In China wurden nicht nur unglaubliche kulturelle Fortschritte gemacht – hier wurden Kompass, Buchdruck, Papier, Porzellan und Schießpulver erfunden, und zwar zu einer Zeit, als wir mehr oder weniger noch auf Bäumen saßen. Über Jahrhunderte konnte es zusammengehalten werden. Doch neben einer großen geistesgeschichtlichen und ideellen Entwicklung schaffte es das Land, im 15. Jahrhundert so viel anzubauen, dass es 50 Prozent der Weltproduktion ausmachte. Und wenn wir heute Angst vor der Übermacht der chinesischen Volkswirtschaft bekommen, so sieht das von chinesischer Seite ganz anders aus: Sie wollen nur den angestammten Platz an der Sonne zurückerobern, so ist auch der Bau der neuen Seidenstraße zu verstehen, es sollen die alten und neuen Handelswege von und nach China wieder etabliert werden.

Noch tief steckt in der Seele der Menschen die Besetzung durch die Japaner in den 30er-Jahren. Während der Zweite Weltkrieg im Pazifik aus europäischer Perspektive eher ein Nebenkriegsschauplatz war, führte Japan schon 1937 seinen Eroberungskrieg in China, einen Krieg, in dem alle bekannten Massenvernichtungswaffen eingesetzt wurden. Es ging um Auslöschung. Bis zuletzt kämpfte die überwiegende Mehrzahl der japanischen Division in China. Dieser Krieg mit rund 20 Millionen Toten auf chinesischer Seite (Soldaten und Zivilisten) endete erst 1945, nach dem Abwurf der US-amerikanischen Atombomben auf Nagasaki und Hiroshima, nach der Kapitulation Japans.

Danach folgte für China ein sehr schwerer Weg zur inneren Geschlossenheit unter dem Vorsitzenden der Kommunistischen Partei Mao Zedong. Heute hat die Kommunistische Partei 82 Millionen Mitglieder und regiert das Land mit einer Mischung aus freier beziehungsweise gelenkter Marktwirtschaft sowie einer absolut zentralen Verwaltungswirtschaft. Ständig wird betont, dass derartige Demütigungen nicht wieder passieren dürfen, dass man einen eigenen Weg gehe und diesen Weg friedlich gehe. (China hat in seiner Geschichte nur ganz wenige Kriege außerhalb der Landesgrenzen geführt.)

In der jüngsten Vergangenheit war ich alljährlich in China und habe die Entwicklung vom Fahrradland zum Autoland miterlebt – und einen großen Respekt vor dieser Leistung bekommen. Ich habe erfahren, welch große Lerngier in den Chinesen steckt, und wie die junge Generation das oft sehr harte Los der Eltern und Großeltern verbessern will. Ich habe auch erfahren, wie die »Wachstumsmetapher« verinnerlicht wurde, wie aber auch an bestimmten Tagen in Peking die Luft kaum zu ertragen ist.

14

Dritter Erfolgsfaktor – Verantwortung übernehmen

Das Beispiel, in dem zwei Kameraden einen schweren Koffer tragen sollen und der eine zum anderen sagt: »Du trägst den Koffer, ich trage die Verantwortung«, ist symptomatisch für viele Situationen, in denen Führungskräfte zwar aufgrund ihrer Position Verantwortung tragen (müssten), das aber selten tun, denn die Konsequenzen sind schwammig oder folgen gar nicht.

Tom Peters war ein Kollege bei McKinsey, zusammen hat er mit dem US-amerikanischen Business-Management-Experten Robert H. Waterman den Bestseller *Auf der Suche nach Spitzenleistungen* geschrieben *(In Search of Excellence)*. In dem Buch wurden 32 Unternehmen herauskristallisiert, die nach quantitativen und qualitativen Kriterien, als »exzellent« galten. Nach Peters hat man jedoch immer weit mehr Verantwortung als einem der Funktion nach zusteht. Das alte Bild, nach dem die Funktion gleich Position gleich Verantwortung ist, scheint überholt. So wie ich als 19-Jähriger als »Herr Shell« bezeichnet wurde, gab es zahlreiche Beispiele, bei denen ich über meine zugewiesene Rolle hinaus »mitschwätzte«, wie man im Schwäbischen sagt. Ständig übernahm ich Verantwortung, zu der ich nicht aufgefordert wurde, die mir aber persönlich weiterhalf. Dieses Gefühl, mehr machen zu sollen, als einem zusteht, hat mich geprägt.

Als ich meiner befreundeten Kommilitonin Heidi Gutbrod einst helfen durfte, ihr Familienunternehmen Weipert zu retten, und ich zu bedenken gab, dass ich doch von den Textilien keine Ahnung hatte, machte ich mein Wirken an zwei Dingen fest: Ich analysierte den Zeiteinsatz von Heidis Kompagnon Franz Weipert – und stellte fest, dass er über der Hälfte der Zeit Immobiliengeschäften nachging (im Unternehmen sah man ihn selten). So konnte man keine überzeugende und verantwortungsvolle Unternehmensführung betreiben. Die zweite Schiene war der Aufbau eines Vertrauensverhältnisses zum Leiter der Commerzbank in Kiel; die Commerzbank war die Hausbank des Unternehmens und fürchtete um ihre Kredite. Als dieser Leiter, Herr Claussen, mir sagte, dass ich mit einer Generalvollmacht kommen solle (und ich diese auch erhielt), konnte ich die Sanierung des Unternehmens durchziehen.

Verantwortung wurde auch hier übernommen: Da gab es viele Versuche bei IBM, endlich einen Personal Computer zu bauen – und jedes Mal ergaben die neuen Entwicklungen einen etwas kleineren Großrechner – bis eines Tages Philip Don Estridge zum Leiter der Entwicklungsabteilung bestellt wurde. Er sollte nach Florida ziehen, nach Boca Raton, weit weg von Armonk im Bundesstaat New York, wo IBM seinen Hauptsitz hatte. Er sollte ein Team rekrutieren (von innen und außen), zusehen, wie er sich finanzieren konnte, wie er alle Vorschriften des Unternehmens außer Acht lassen konnte. Am Ende von 15 Monaten sollte ein IBM Personal Computer präsentiert werden können. Trotz der recht geringen Chance und der Möglichkeit, in der Komfortzone in Armonk die Regelbeförderungen abzuwarten, begab sich Estridge nach Florida und schaffte es, den recht erfolgreichen IBM Personal Computer zu bauen.

Ich erlebte, wie Lothar Späth beim DDR-Vorzeigebetrieb VEB Carl Zeiss Jena den Mitarbeitern sagen musste, dass nach der Wende nur noch ein kleiner Teil der 2000 Werktätigen seinen Job bei dem Unternehmen haben würde, dass er aber alles daransetzen würde, um allen jetzigen Mitarbeitern wieder einen neuen Job zu besorgen. Diese ehrliche Verantwortung war beispiellos. Und er schaffte es. Jena gehört heute zu den Städten mit der geringsten Arbeitslosigkeit in den neuen Bundesländern.

14.1 Verantwortung und Solidarität

Als Senior Advisor bei der Credit Suisse wurde ich häufig zu Kandidatenauswahlprozessen hinzugezogen. Wann immer auf einem Lebenslauf eine Phase bei McKinsey erschien, wurde dies gelb unterstrichen und mit Ausrufezeichen versehen. McKinsey bedeutete, durch eine harte Auswahl gegangen zu sein, mit Topleuten in Teams gearbeitet und bei den anspruchsvollsten Klienten mitgewirkt zu haben. Das starke Alumni-Netzwerk hat heute den Anspruch, sowohl in der globalen Wirtschaft als auch in vielen anderen Organisationen (insbesondere in NGOs, in Nichtregierungsorganisationen) sowie in der Politik bestens verdrahtet zu sein. Obwohl ich inzwischen seit vielen Jahren bei McKinsey ausgeschieden bin, verbringe ich nach wie vor viel Zeit mit Interviews für potenzielle Kollegen und helfe aktiven Meckies mit meinem Rat. Verantwortung ist in dieser Hinsicht eine Form von Solidarität.

Es ist von großer Bedeutung für unsere Gesellschaft, den Nachwuchs zu fördern und vorhandene Potenziale zu entwickeln, ihm mit Respekt zu begegnen, ihn wertzuschätzen und ein konstruktives Feedback zu geben. Ein Selbstverständnis von Führung vorzuleben, Wissen weiterzugeben, Netzwerke zur Verfügung zu stellen, Türen zu Entscheidern zu öffnen und Wege aufzuzeigen, um selbständig zu agieren.

Als ein solcher Mentor sollte man ein ehrliches Interesse an seinem Mentee haben. Oft genug hatte ich beobachten können, dass eine Zuweisung nichts bringt, wenn kein wirklicher Austausch stattfindet. Zwischenzeitlich agiere ich selbst als Mentor an der Bayerischen Elite-Akademie bei 15 Hoffnungsträgern. Der Zeiteinsatz für die Gruppe und für jeden Einzelnen schwankt, aber ich versuche da zu sein, wenn man mich braucht. Und so konnte ich bei Jobangeboten, Start-up-Investments oder Karriereknicks hilfreich wirken. Es ist sehr schön, das Gefühl zu haben, dass man gebraucht wird, dass man andere ermächtigen kann, Entscheidungen zu treffen, auch um über gewisse Hürden zu kommen. Immer wieder kann gemeinsam überprüft werden, ob die theoretischen Vorstellungen der Realität entsprechen, wie man mit Hierarchien umgehen will, ob man Einfluss nehmen möchte, ob es einem leichtfällt, mit Macht umzugehen, ob es besser ist, den Beruf zu wechseln.

Wichtig ist auch eine Auseinandersetzung etwa damit, wie man mit beruflichem Druck umgeht, wie mit Konkurrenzsituationen, auch mit Phasen, in denen ein berufliches Scheitern festgestellt werden muss. Ein Blick von außen kann helfen, sich über bestimmte Dinge klar zu werden, kann dazu führen, über sich selbst zu reflektieren, über die eigenen Ängste, Selbstzweifel, über Prägungen, Erziehung (nicht von ungefähr habe ich hier viel aus meiner eigenen Biografie dargelegt).

Mir selbst hat es beispielsweise geholfen, große Vorbilder zu haben (und vielleicht sogar kennenzulernen). Alfred Herrhausen hatte ich schon erwähnt, Reinhold Messner, damals noch aus der Distanz, war ein Mensch, der mich faszinierte, der mich anzog und dem ich näherkommen wollte. Messner machte Dinge, die keiner vor ihm gemacht hatte – auf den Mount Everest ohne Sauerstoff, zwei Achttausender hintereinander, alle 14 Achttausender als Erster, durch die Antarktis mit dem Schlitten, viele Erstbesteigungen in den Alpen. Als er von einer sehr schwierigen Himalaja-Tour zurückkam und mehrere Reporter ihn stakkatohaft fragten, wie es gewesen sei, ob er Todesangst gehabt habe, ob er es gleich wieder machen würde, hörte ich seine Antworten. Jeder seiner Sätze war ein Treffer, er hat neue Erkenntnisse klar rübergebracht, und nichts ließ er unbeantwortet.

14.2 Selbstkontrolle

Aber auch der Mentor, der Leader sollte sich ständig im Blick haben. Immer wieder ist es nützlich, sich zu fragen: Wie lebe ich eigentlich? Will ich so leben? Wie setze ich meine Zeit ein? Wie halte ich es mit meinen persönlichen Zielen? Wie bilde ich mich weiter? Was fällt mir auf, wenn ich über die Vergangenheit nachdenke? Habe ich irgendwo Blockaden? Treiben mich Vorurteile, die durch gesellschaftliche Erwartungen bestimmt sind? Der britische Ökonom John Maynard Keynes sagte einmal: »Die größte Schwierigkeit der Welt besteht nicht darin, Leute zu bewegen, neue Ideen anzunehmen, sondern alte zu vergessen.«

Zur regelmäßigen Selbstkontrolle gehört auch, sich auch einen Spiegel vorzuhalten, wenn es um diese Fragen geht: Inwiefern bin ich noch auf der Höhe der Zeit, kann ich die rapide sich verändernde Umwelt – außer mit Schlagworten – verstehen und weitergeben? Wie gehe ich mit einem Hackerangriff um? Was muss ich tun, wenn die Cloudspeicher undicht sind? Wie gut kenne ich den chinesischen Markt? Antworten habe ich darauf nur, wenn ich die wichtigsten Publikationen lese und begreife. Denn es ist schwer, neben einem Betriebsrat zu bestehen, wenn ich Pikettys Buch *Das Kapital im 21. Jahrhundert* nicht gelesen habe.

Oder sollte ich wie Zia Chishti, Gründer und CEO von Afiniti, regelmäßig einen GMAT-Test machen? Der GMAT-Test ist ein computerbasierter Test von knapp vier Stunden Länge. Die erreichte Punktzahl ist ein wesentliches Kriterium für die Zulassung zu einem MBA oder einem Masterstudium in BWL. Zia Chishti schaffte früher einmal 780 von 800 möglichen Punkten, 2018 landete er bei 500 Punkten. Danach gab er das Kaffeetrinken auf und landete im Mai 2019 bei der Punktzahl 720. Christian Casal, der die Schweizer Büros von McKinsey leitet, spielt wiederum Schach gegen ein Computerprogramm. Regelmäßig notiert er den Einfluss von Wein und Bier auf seine Resultate (beträchtlich).

Und: Was weiß ich über meine Mitarbeiter? Wie kann ich sie verstehen, wie fordern und fördern? Wie kann ich über jeden Einzelnen ein Profil erstellen, herausarbeiten, was sie ändern müssen, und ihnen dabei zur Selbsterkenntnis verhelfen. Allein die Tatsache, dass eine Führungskraft sich laufend Gedanken macht, wie er den anvertrauten Mitarbeitern konstruktiv helfen kann, bringt sehr viel. Allein jemandem das Gefühl geben zu können, dass man ihm diese oder jene Aufgabe zutraut, hilft dabei, zu wachsen, ja, über sich hinauszuwachsen.

Das Selbstbewusstsein zu stärken, ist eine der verantwortungsvollsten Führungsaufgaben.

■

Aber nicht im Sinne einer glatt gebügelten Identität, sondern in der Beachtung individueller Talente. Dann übernimmt auch ein Mitarbeiter Verantwortung, was heute immer wieder in Unternehmen gefordert wird. Und Verantwortung zu übernehmen - und zwar wirkliche Verantwortung - heißt, Antworten auf konkrete Fragestellungen zu finden, zu denen ich stehe. Und damit auch zu den Fehlern, die unweigerlich immer gemacht werden. Es wäre falsch, vor ihnen wegzulaufen. Das Finden sinnvoller und zielführender Fragen ist Aufgabe einer Führungskraft. Dafür ist sie verantwortlich.

Auch Rückblicke über die eigene Rolle im Unternehmen und einige Gedanken, wo das Unternehmen (mit mir) in drei bis fünf Jahren stehen soll, können helfen. Hierbei kommt es sehr darauf an, die Verantwortungsbereitschaft zu dokumentieren. Was hierbei sinnvoll sein kann: eine fingierte Bewerbung an das Unternehmen zu schreiben. Häufig machen Personal Coaches den Versuch, alle Führungskräfte quasi als entlassen zu bezeichnen und sie in einem Bewerbungsbrief um Neuaufnahme zu bitten. Mit diesem Vorgehen kann man sich verdeutlichen, ob man selbst noch auf dem richtigen Platz sitzt.

14.3 Vorturner für die Gesellschaft

Verantwortung zu übernehmen auch gegenüber der Gesellschaft zeichnet einen authentischen »Vorturner« aus. Nicht selten erlebte ich, wie Unternehmen mit einem Standortwechsel drohten (Infineon wollte einst seinen Hauptsitz aus steuerlichen Gründen in die Schweiz verlegen), wobei sie vergaßen, wie sie an anderen Orten Aufbauhilfe kassiert hatten. Betrachtet man Stuttgart 21, so kann man nachvollziehen, dass es sinnvoll gewesen wäre, die Gesellschaft frühzeitig mit dem Vorhaben der Deutschen Bundesbahn vertraut gemacht zu haben, statt heute an einem Jahrhundertprojekt zu bauen und zu bauen.

Verantwortliche Führung beinhaltet auch, ein Gespür für die Themen der Zeit zu entwickeln. Als Unternehmen trage ich Verantwortung dafür, wie mit der Umwelt umgegangen wird, wie mit dem Gedanken der Nachhaltigkeit. Das ist eine Verantwortung, die mehr beinhaltet, als der Einzelne zu tun vermag. Im Zeitalter der Globalisierung und Digitalisierung sollten Unternehmen nicht mehr nur Zuschauer sein (nach der Nazizeit hatten sie sich nur noch bedingt in gesellschaftliche Belange eingemischt), sondern sich für die Gemeinschaft interessieren, mehr an das Wir denken.

Die Zeit einsamer und autoritärer Entscheidungen (bei denen man einzig um sich selbst kreist, nicht wissend um die eigene Begrenztheit) ist vorbei, leistungsstarke Teams und hervorragende Führungskräfte sollten zusammen Lösungen finden, die sowohl die Unternehmen wie auch die Gesellschaft weiterentwickeln.

■

Die Kultur eines Unternehmens sollte auch die Kultur einer Gesellschaft sein. Insofern haben Manager/Leader auch Verantwortung für ein Miteinander in der Gemeinschaft. Verantwortung ist nämlich immer verbunden mit Freiheit, sich letztlich für diese oder jene Sache zu entscheiden. Und diese Freiheit gilt es durchzusetzen, im Wir mit Erfahrungen, Kompetenz und Diversität.

Im Berufsumfeld gibt es genügend Möglichkeiten, Verantwortung zu übernehmen und damit Führungsverständnis zu entwickeln. Für mich war es das Betrüblichste, zu sehen, wie Menschen ab Mitte 40 praktisch »Dienst nach Vorschrift « machten – und so auf die Frühpensionierung warteten.

Ebenso betrüblich fand ich ein Gespräch mit Walter Schön, einst Amtschef der Staatskanzlei unter Stoiber. Er wirkte mit mir in der Kommission zur Entbürokratisierung, und als wir von Zeit zu Zeit Unternehmer einladen wollten, sagte er zu mir: »Da müssen Sie weit laufen, bis Sie einen finden, der keinen Dreck am Stecken hat.« Ich erinnerte mich daran, als ich in nur einer Woche von diversen Skandalen hörte und las: So hieß es, dass die Ex-Vorstände der HSH Nordbank wieder vor Gericht treten müssen, ursprünglich waren die Manager freigesprochen worden, nun werden sie erneut wegen Untreue und in zwei Fällen auch wegen Bilanzfälschung angeklagt. Es gab eine erneute Hausdurchsuchung bei der Deutschen Bank in Frankfurt am Main, drei Jahre nach Enthüllung der »Panama Papers« suchte man immer noch nach Steuersündern, dann die Korruptionsvorwürfe gegen die Automobilhersteller. Aber zum Glück sind das keine Zeichen eines allgemeinen Verfalls der guten Sitten …

Neben den gelisteten 160 Aktiengesellschaften gibt es rund zwei Millionen mittelständische Unternehmen, unter denen sich eine ganze Reihe Hidden Champions befinden: STIHL aus dem Remstal baut Motorsägen, MAHLE in Stuttgart Kolben, Riehl Sensoriksteuerungen, Festo aus Esslingen Pneumatiktechnik, Kärcher in Winnenden Reinigungsgeräte, das Familienunternehmen Melitta ist in Minden ansässig und kümmert sich um professionelle Lösungen rund um den Kaffee, Deichmann hat seine Zentrale in Essen, die Wortmann-Gruppe in Detmold produziert Tamaris-Schuhe, MENNEKES aus Meinerzhagen Steckverbindungen etc. So wundert es auch nicht, dass die chinesische Gruppe Fosun die Frankfurter Privatbank Hauck & Aufhäuser übernommen hat, mit dem Ziel, in Deutschland geeignete Übernahmekandidaten unter den Hidden Champions zu finden.

14.4 Gesund führen

Verantwortung übernehmen heiß aber auch: »Gesund führen«. Das ist ein Führungsstil, der immer wichtiger wird, weil rund 16 Prozent aller Ausfalltage in der deutschen Wirtschaft mittlerweile auf das Konto seelischer Belastung gehen. Angstzustände und Depressionen sind die vierthäufigste Krankheit am Arbeitsplatz und werden nach EU-Schätzungen in 15 Jahren in den Industriestaaten auf Platz zwei vorgerückt sein. Während körperliche Erkrankungen aber eher als Normalität akzeptiert sind, stehen wir Menschen mit psychischen Erkrankungen, Angstzuständen, Suchterkrankungen und zunächst schwer einzuordnenden Verhaltensauffälligkeiten noch immer häufig völlig hilflos gegenüber. Bei McKinsey hatten wir Ausfalltage von unter einem Prozent, was daran lag, dass die meisten Mitarbeiter sehr jung waren. Außerdem spielten viele Fußball, Tennis, joggten oder fuhren mit mir Ski.

14.5 Gemeinsam verändern

Verantwortung zu übernehmen ist also ein wesentliches Erfolgsmerkmal einer Führungskraft. Nicht anders, die Komfortzone zu verlassen und aufs Podium zu gehen, auch wenn man weiß, dass es vielleicht nicht ganz so glücken wird, sogar misslingen kann. Das beginnt schon bei den Aktivitäten in der Freizeit, da kann man etwa als Jugendtrainer der F-Jugend Verantwortung übernehmen und wöchentlich demonstrieren. Bei den über vier Millionen im Ehrenamt tätigen Menschen der Republik kann man zahlreiche Führungskräfte beobachten, die – unentgeltlich – mit großer Hingabe

Kollegen und Kolleginnen führen. Die sich gefragt haben: Was kann ich dazu beitragen, dass andere Führung übernehmen und Spaß an der Sache haben?

Die Verantwortung für das Gemeinwesen macht den mündigen Bürger aus, und in diesem Bereich gibt es heutzutage viele Möglichkeiten: Bürgerinitiativen, Elternbeiräte, Diskussionsforen etc. Sich als Teil der Gemeinschaft zu begreifen und einzubringen, kann enorme Selbstbefriedigung und Hilfe für die Gemeinschaft bringen. Die Zeitungen sind voll von gemeinschaftlichen Projekten, die oft völlig ohne staatliche Hilfe verwirklicht wurden – einfach, weil Mitglieder der Zivilgesellschaft die Initiative dazu ergriffen.

15

Vierter Erfolgsfaktor – geerdet bleiben

Oft konnte ich erleben, dass eine Beförderung auf Sicht einen anderen Menschen hervorbrachte. Jetzt stand er oben, jetzt durfte er vorgeben, was wie gemacht wurde, und jetzt hing die Beförderung oder das Gehalt der Untergebenen von ihm ab. Früher war es in Unternehmen an der Tagesordnung, dass die direkte Eingangstür einer Führungskraft versperrt wurde und draußen ein Schild anzeigte, dass man den Zugang doch bitte über das Sekretariat nehmen sollte. Im Unternehmenstelefonbuch stand nicht mehr die Nummer der Führungsperson, sondern nur noch die des Sekretariats. Und die Mitarbeiter und Mitarbeiterinnen im Sekretariat gebärdeten sich häufig wie Höllenhunde: »In welcher Sache rufen Sie an? Kann ich das für Sie erledigen? Glauben Sie wirklich, dass ich dies Herrn XY vortragen soll?« Und häufig gab es »Taschenträger«, die dem Chef nicht nur tatsächlich die Taschen trugen, sondern auch sagten, was er aus den vielen Unterlagen lesen sollte und was nicht.

Die Intensität, mit der eine Führungskraft sich um die Attribute von Führung (Fahrer, Parkplatz, Sekretariat) kümmerte, stand in keinem Verhältnis zu seinen Leistungen. Fast wichtiger erschien es, dass man erkannte, in welch privilegierter Stellung man war oder – noch mehr – wie man dorthin kam.

Es hilft, wenn man sich seiner eigenen Herkunft und Entwicklung immer bewusst ist, wenn man sich in die zu führenden Mitarbeiter hineinversetzt, wenn man nichts für selbstverständlich nimmt. Es ist eine »geliehene Macht«, die man als Führungskraft hat, und wie es so mit Lehen ist, sie gelten nur auf Zeit. In dieser kann es schon einige Konjunkturdellen geben, kann eine Finanzkrise passieren oder eine irgendwie geartete Krise das Unternehmen treffen. Sich Selbstbescheidenheit aufzuerlegen, die richtige Terminwahl zu treffen und auf die richtigen Leute zu bauen, kann nicht verkehrt sein.

Wichtig ist dabei, Schein und Wirklichkeit zu unterscheiden. Die Banker, die einen ob der ständig wiederkehrenden Darlehen hofierten, können sehr viel weniger nett sein, wenn es eine Schieflage gibt, wenn Vereinbarungen nicht erfüllt werden. Gleiches gilt für Politiker, die gerne dabei sind, wenn ein Zweigwerk eröffnet wird, wenn Auszubildende ausgezeichnet werden oder hoher Besuch aus Berlin oder Brüssel erwartet wird. Doch plötzlich haben sie keine Terminverfügbarkeit, dann nämlich, wenn ein großer Kunde falliert oder politisch gewollte Regularien große Probleme bereiten. Auch im Umgang mit den Medien ist es so, dass Erfolgsstorys viel lieber gesucht und beschrieben werden als Geschichten über das eine oder andere Missmanagement – außer es handelt sich um wirkliche Skandale.

Es hilft, wenn man sich der jeweiligen Rolle klar wird, dann gibt es weniger Enttäuschungen.

Gerade wenn man glaubt, unangreifbar zu sein, ist die nächste negative Überraschung meist nur einen Schritt entfernt.

Als sinnvoll hat sich hier erwiesen, wenn man gelegentlich schlimme Fälle und Situationen durchspielt (was würden die

Folgen sein, wenn mir das und das passiert wäre?), wenn man überlegt, was alles im eigenen Haus eintreten kann, ohne dass man es vorhersieht.

15.1 Den Absturz durchspielen

In meiner Nürtinger Heimat gingen nicht nur die Strickwarenfabriken ein, sondern auch früh, noch zu meiner Schulzeit, die Ölmühle. Wir Schüler erlebten, wie Lieferanten mit ihren Lkws die noch habhaften Vorräte abholten, wie Maschinen verkauft und verschrottet wurden, wie Mitarbeiter entlassen wurden und wie der Inhaber von seinem Mercedes auf ein Fahrrad umstieg und selbst Mitarbeiter in einer Maschinenfabrik wurde, um seine Familie durchzubringen. Der Abstieg war grausam, und die soziale Kälte schlug dem Unternehmer in allen Facetten entgegen.

Ganz anders die Milliardenpleite des Bauunternehmers Jürgen Schneider. Viele Handwerker warteten auf die Bezahlung ihrer Rechnungen, viele Makler erhielten kein Geld und viele Wohnungen wurden nicht fertig. Schneider, der mit reichlich abstrusen Zahlen Kredite erschwindelt hatte, setzte sich 1994 mit seiner Frau nach Florida ab, von wo er zwei Jahre später aufgrund internationaler Ermittlungen aufgeliefert wurde. Der Unternehmer, dessen größter Gläubiger die Deutsche Bank war, relativierte die ausstehenden Handwerkerrechnungen mit »Peanuts« - und viele Bauträger zuckten mit den Schultern: »Er hat ein großes Rad gedreht und ist dabei erwischt worden.«

Hochinteressant ist auch der Fall des FlowTex-Geschäftsführers Manfred Schmider, der mit Maschinen gehandelt hatte, die es gar nicht gab und nur auf dem Papier existierten - und dafür erhielt er Kredite. Wegen Veruntreuung von Millionen von Euro wurde er 2002 verurteilt, sieben Jahre saß er dafür im Gefängnis, verurteilt hatte man ihn zu elfeinhalb Jahren. Schmider, ein Mann aus Karlsruhe und bekannt als »Big Manni«, wurde von der Wirtschaft und den Banken als Held gefeiert und von der Politik nachhaltig gefördert. In der Nachkriegsgeschichte Deutschlands gibt es kaum einen größeren Betrugsskandal, in den 90er-Jahren entstand ein Schaden von damals fünf Milliarden D-Mark. Der Schwindel flog erst auf, als das Bundesaufsichtsamt für Finanzen bemerkte, dass FlowTex Bohrer bei einer Firma gekauft haben wollte, die schon lange in Konkurs war.

Bei Verfehlungen von Managern sei noch angemerkt, dass sie bis 1999 etwa Schmiergeldzahlungen als Betriebsausgaben von der Steuer absetzen konnten. Bis dahin belohnte der Staat Bestechungsgelder an Geschäftspartner, das Finanzamt stufte sie als »nützliche Ausgaben« ein.

Sich bewusst zu sein, dass sich das Ganze sehr schnell ändern kann, und auch zu überlegen, wie das Leben dann verläuft, kann dem Geerdetsein entsprechen. Es gab einst eine Reihe hochrangiger Manager, gekürt als »Manager des Jahres«, und man konnte fast davon ausgehen, dass sie in relativ kurzer Zeit den Absturz erleben würden. »Je höher du steigst, desto tiefer wirst du fallen«, heißt eine alte Weisheit – und diese sollte jedem Manager bewusst sein.

Dem Gefühl verpflichtet zu sein, dass der durchschnittliche Angestellte brutto 3250 Euro im Monat verdient und sich mit der Familie keinen Urlaub in der Karibik leisten kann, dass eine schreckliche Krankheit eine Familie aus der Bahn werfen kann, entspricht dem wahren Führungsnaturell.

■

15.2 Immer wieder die Perspektive wechseln

Es hört sich oft gut an, wenn man Work-Life-Balance bei Frauen einfordert und keine Ahnung hat, was es bedeutet, wenn die Kitas um 16:30 Uhr zumachen, wenn man sich nicht vorstellen kann, jemanden zu suchen, der für ein plötzlich krank gewordenes Kind einspringt. Erst kürzlich erlebte ich, dass eine von meinen Mentees, eine junge, mehrfach ausgezeichnete Frau, nach vielen Anläufen einen 80-prozentigen Teilzeitjob bekam, jedoch mit langen Zu- und Abfahrten zur Arbeitsstätte. Sie muss hoffen, dass in kritischen Fällen, wenn ihr Kind nicht in die Kindertagesstätte kann, eine Nachbarin einspringt.

Angeblich ist es sehr schwer, die männliche Chefetage davon zu überzeugen, dass der Tagesablauf einer Mutter mit Kindern häufig ungeplant verläuft. Bei den alleinerziehenden Müttern ist das Problem noch um einige Potenzen stärker.

Sehr hilfreich ist zudem, wenn eine Führungskraft differenzierte Rollen lebt, einmal die des Vaters, der sich die erzieherische Aufgabe mit der Mutter teilt, dann Rollen außerhalb der Familie (Vereinsmitgliedschaften, Elternbeiräte etc.). Eine Führungskraft sollte auch die normale Welt der zu spät kommenden Züge, der Wartezeiten bei Ärzten, auf Ämtern, der nicht fertiggestellten Reparaturen, der vergessenen Wartungen kennen und daran teilnehmen. Jede Führungsposition ist in gewisser Weise eine privilegierte, und verhängnisvoll ist es, wenn man vergisst, wie schwer es die Menschen auf den unteren Ebenen oft haben. Die Deutschen taugen zwar nicht zur Revolution am Arbeitsplatz, aber zur inneren Kündigung reicht es allemal.

Stolz zu sein, weil man für eine besondere Führungskraft arbeiten darf, sollte das Bestreben sein. Wenn ich hörte, dass sich Mitarbeiter als Teil von »Herbs Dream-Team« bezeichneten, konnte ich feststellen, dass es irgendwie rübergekommen ist. Es war nicht nur eine ungemein erfolgreiche Truppe, die ich führen durfte, es war auch ein hartes Arbeitsumfeld. Dennoch gab es einige Mitarbeiter mit sozialen Schwierigkeiten, die wir bewusst bei uns behielten, weil diese menschliche Komponente zu uns gehörte.

Ein humanistischer Ansatz hat sich bewährt. Es geht in einem Unternehmen immer um Menschen und nicht um irgendwelche Standards. Was nicht heißen soll, gegen Standards zu sein. Doch entscheidend ist die Frage, ob die Standards dem Menschen nützlich sind – und nicht die Menschen den Standards? Die Zeiten, in denen Mitarbeiter rigide kontrolliert wurden, sind ebenfalls vorbei.

Werden Unternehmen digital und global, können sie nur scheitern, wenn sie in der Mitarbeiterführung zu stark auf Überregulierung setzen. Gerade im Bereich E-Commerce hat sich gezeigt, dass Mitarbeiter kreativer und innovativer werden, wenn sie keine kontrollierenden Vorgesetzten haben.

Zum Geerdetsein gehört ein Verständnis darüber, was sinnhaft ist und was nicht. Eine humanistische Einstellung kann entscheidend zum Erfolg beitragen, weil Mitarbeiter sich dann nicht mehr instrumentalisiert fühlen. Wobei die positive Einstellung zum Menschen aufrichtig und authentisch sein sollte.

Mitarbeiter spüren sofort, wenn etwas nicht ehrlich gemeint ist, wenn sie merken, dass es am Ende doch nur wieder darum gehen soll, die Wirtschaftskraft des Unternehmens zu steigern. ■

16

Fünfter Erfolgsfaktor – Managementrüstzeug beherrschen

Als vor rund 20 Jahren ein US-amerikanischer Wettbewerber Pneumatikventile auf den Markt brachte, die im Automobilbau eingesetzt werden sollten und circa 40 Prozent billiger waren als die Ventile von Festo, reagierte Kurt Stoll, der Techniker der Familie. Nachdem er die Wettbewerbsprodukte eingehend analysiert und geprüft hatte, gab er einen kurzen Kommentar von sich: »Die müssten bei großer Hitzeentwicklung und bei großem Wassereinsatz erhebliche Probleme bekommen.« Ein Jahr später war es so weit. Das irre kostengünstige Produkt war ein Flop, weil die Automobilbauer erlebt hatten, dass diese Ventile bei Durchquerung von Wasserlachen und bei großer externer Hitze nicht funktionierten. Die Autos blieben stehen.

Ich war beeindruckt ob der ingeniösen Fähigkeiten von Kurt Stoll und bat Edzard Reuter, ihn ins Daimler-Benz-Bildungszentrum Haus Lämmerbuckel auf der Schwäbischen Alb einzuladen. Angesagt war eine große Entwicklungstagung der Autoentwickler. Der damalige Daimler-Chef Edzard Reuter fragte Kurt Stoll eingehend, welche Art der Führung er praktiziere, um seine Entwicklungsabteilungen auf Vordermann zu bringen und zu halten. Seine Methode war recht einfach, wie der Festo-Chef erklärte: Ungefähr 80 Prozent seiner Zeit verbringe er in den Labors und den Fertigungsräumen – Management by Walking Around (Führung durch Herumgehen) –, das zeige ihm, an welchen Projekten seine Leute arbeiteten, wo es hakte und wo es kritische Stellen gab, bei denen er unterstützend mitwirken könne (er war mit weitem Abstand der beste Techniker im Unternehmen).

Die Daimler-Leute waren etwas verwirrt, meinten, man hätte doch auch Sitzungen, es gebe Komitees, Besuche bei Verbandstreffen etc. Kurt Stoll reagierte kühl, erklärte, so etwas habe man bei Festo ganz wenig. Er kannte die Produkte und die hundertfach verschiedenen Anwendungen, er war auf der Hannover Messe der Pneumatik-Papst und er hatte viel beachtete Bücher über die Pneumatik und ihren Einsatz geschrieben. So war es nicht verwunderlich, dass es sehr schwer war, jemand zu finden, der später in seine Fußstapfen treten konnte.

Heute noch geht Kurt Stoll, inzwischen weit über 80, fast täglich in das Werk im schweizerischen Pieterlen (der Platz wurde ob der feinmechanischen Ausbildung vieler Menschen in dieser Gegend ausgewählt) und initiiert Projekte in der Fertigung und Produktentwicklung, etwa zum Hammer ohne Stiel. Er war und bleibt der Inbegriff für die technologische Ausrichtung des Unternehmens.

Daraus folgt, dass ein Unternehmer die Produkte bis ins kleinste Detail kennen und auch fortgesetzt Anregungen zu Produkten und Verfahrensverbesserungen geben sollte.

Kurt Stolls Bruder Wilfried war das wichtige Komplement zum Techniker, der unternehmerische Kaufmann, der sich unablässig weiterbildete, von den Anfängen bis heute. Noch immer ist er, auch über 80, jeden Tag in seinem Büro oder für Festo unterwegs, kennt sich in seinem Metier hervorragend aus. Wilfried Stoll hatte die Internationalisierung des Geschäfts seit den 70er-Jahren vorangetrieben, die Didactic-Sparte neben dem Automatisierungsgeschäft aufgebaut und konsequent auf Bioniklösungen gesetzt. Er gilt heute noch als der unermüdliche Antreiber für neue Ideen und ist der Prototyp des lernenden Unternehmers.

Das ist nicht bei jedem Manager der Fall. Josef Ackermann, damals Chef der Deutschen Bank, sprach gern über Wettbewerb, dann zog der ehemalige Zehnkämpfer gern Vergleiche mit dem Sport: »Ich kann nicht aus Solidarität mit den Schlechten langsamer laufen als die Besten.« Und fügte hinzu: »Ich kann nicht sagen: Wachsen ist beim Skifahren verboten, dafür fahre ich in den Kurven sicherer.« Sich im Wettbewerb zu behaupten, war der Hauptantrieb Ackermanns, und er hatte dafür eine Zahl gefunden, die Zahl 25. Er gab nämlich die 25-Prozent-Eigenkapitalrendite für seine Bank als Ziel vor. Dabei ließ er die Einlagezinsen der Sparer von 3,5 Prozent komplett außer Acht. Er wunderte sich dann über die negative Reaktion der Öffentlichkeit.

Und als der »Sonnenkönig« Frank Asbeck, Gründer von SolarWorld, versprach, die Republik mit Sonnenpaneels zu versorgen, sodass die Heizkosten unterhalb der Heizölkosten zu liegen kämen, wunderte er sich, als der Markt seine großen Ankündigungen ins Gegenteil verkehrte. Asbeck gehörte jener Gründergeneration an, die ihr unternehmerisches Tun mit politischem Lobbyismus verknüpfte. Mit dem Versprechen, eine neue Hightech-Industrie in Deutschland zu etablieren, verlangte die Solarlobby in ihren Anfangsjahren von der Politik hohe Subventionen.

16.1 Sich selbst neu erfinden

Friedrich Baur, Chef der Kommunikationssparte bei Siemens, verließ einst eine Expertenrunde in der Weitverkehrstechnik (Nachrichtenübertragung über große Entfernungen), in der kontrovers über die möglichen Innovationen der Kanalumsetzer diskutiert wurde, mit der spitzen Bemerkung: »Euch braucht's alle nicht mehr, wenn die Leistungsfähigkeit der Halbleiter weiter zunimmt, dann hab ich euch alle auf einem Chip, der so groß ist wie ein Fingernagel.« Er sollte recht behalten, aber er musste auch einsehen, dass selbst hochkarätige Entwicklungsabteilungen an eingefahrenen Techniken festhielten und für sie die Elektronik der Zukunft »böhmische Dörfer« waren. Damals waren die jungen Ingenieure mit Elektronik-Know-how im Unternehmen auf den untersten Ebenen angesiedelt, auf den Entscheidungsebenen eins bis vier.

Wenn ich die heutige Diskussion um das Automobil der Zukunft verfolge und erlebe, dass ein Automobilland wie Deutschland größte Schwierigkeiten hat, sich etwas anderes als den Verbrennungsmotor vorzustellen, dann beschleicht mich die Furcht, dass es den Automobilherstellern einst gehen könnte wie den großen Telefonie- und Telex-Giganten.

Amtsinhaber (Incumbents) tun sich schwer, sich selbst neu zu erfinden, zumal das mit oft völlig anderen Technologien verbunden ist und die Wettbewerbsarena sich täglich verändert. ■

Möglicherweise erschafft Google morgen das Auto der Zukunft, möglicherweise sind es Flugtaxis, die die Mobilität der Zukunft gewährleisten.

16.2 Framework zur Problemlösung

Aus meiner Erfahrung gehören zum Handwerkszeug eines Managers zum einen Frameworks und zum anderen Stichproben.

Frameworks, mit denen man bereits wirtschaftliche Analysen gemacht hat und die bei Lösungsprozessen geholfen haben, können ungemein hilfreich sein, wenn komplexe Problemstellungen durchdrungen werden müssen, wenn man einen Überblick über die wesentlichen Einflussfaktoren (Input-Output-Analyse) braucht, wenn einzelne Wertschöpfungsketten dargestellt werden sollen, wenn es um die Herausstellung der Werttreiber geht (wird fünf Prozent an Qualitätssteigerung gewonnen, ergibt das ein höheres Ergebnis um 25 Prozent) oder wenn unterschiedliche Cashflow-Dynamiken miteinander verglichen werden sollen. Es ist eine Portfolioanalyse, die wichtig bei der Unternehmensführung ist, wenn spezifische Strategien für einzelne Geschäftsbereiche zu bestimmen sind.

> Ein gut formuliertes Problem ist meist schon die Hälfte der Lösung.

Je nach Marktwachstum und Marktanteil können so wesentliche Aussagen über den Umsatz und das Kostengefüge getroffen werden, und das bei großer Zeitersparnis. Ich erinnere mich noch gut, wie ich die 80/20-Regel verinnerlichte, sie besagt, dass in 20 Prozent der Analysezeit 80 Prozent der Probleme gelöst werden können. Außerdem können Fragestellungen nach den Auswirkungen einer Ölpreissteigerung, einer höheren Steuerbelastung oder einer Währungsabwertung – Fragen, die für das Management und die Investor Community von großer Wichtigkeit sind – mit solchen

Framework-Ansätzen rasch überschlägig beantwortet werden.

16.3 Stichproben in der Praxis

Die Stichprobentheorie hat mich schon auf der Uni interessiert, und so fand ich auch mit dem Versuch einer Optimierung des geschichteten Stichprobenverfahrens ein anspruchsvolles Promotionsthema. Eine Stichprobe soll ja ein möglichst repräsentatives Modell der Gesamtheit liefern – um zu wissen, dass die Suppe versalzen ist, muss man sie nicht ganz aufessen, dazu reicht ein Löffel. Und wenn man eine geschichtete Stichprobe vornimmt, unterteilt man die Gesamtheit in verschiedene Gruppen, die einem sinnvoll erscheinen, und zieht aus jeder Schicht eine Stichprobe – die rein zufällige Stichprobe wird dadurch eingeschränkt.

Später, bei McKinsey, erlebte ich, dass häufig nicht ausreichendes Zahlenwerk für Analysen vorlag und wir zwar viele Hypothesen hatten, diese aber nicht beweisen konnten. Zum Glück hatte ich das Sampling verinnerlicht, sodass ich etwa 50 Patienten befragen konnte, wie ein neues Präparat ankam, um Erkenntnisse über dieses hochzurechnen. Bei »Humanressourcen« konnte ich feststellen, dass von 50 Angeboten nur 20 angenommen wurden (40 Prozent) oder dass auf einer Messe beim Wettbewerber durchschnittlich 120 Personen am Stand weilten, während es bei uns nur 70 waren. Ich glaube, nie zuvor wurde bei Projekten mit so vielen Stichproben gearbeitet, die beklagenswerten Lücken, weil die spezifischen Daten nicht verfügbar waren, gab es nicht mehr. Hätte mich ein New Yorker Partner nicht völlig demotiviert, ich hätte damals auch den Sampling-Guide für die Firma verfasst, aber er winkte ab: »Mach es nicht, keiner wird ihn lesen.«

Auch heute noch hat die Stichprobentheorie nichts von ihrem Wert verloren, zumal die Problemstellungen eher komplexer als einfacher geworden sind, eher international als lokal, noch dazu mehr- als eindeutig. Aber eindeutige Antworten wären schon hilfreich.

16.4 Sich selbst führen

Früher ging es bei der Selbstführung um Themen wie Selbstorganisation und Zeitmanagement, darum, einen Tag im Griff zu haben und effizient zu handeln, das Wichtige vom Unwichtigen unterscheiden zu können, Zeitspannen zu nutzen, damit etwas abgeschlossen wird und nicht noch nachts im Kopf herumgeistert. Die Selbstführung 4.0 hat mehr mit inneren Stärken zu tun, die aber auch auf das äußere Verhalten abfärben.

> Um Unsicherheiten und Unberechenbarkeiten auszuhalten, um schwierige Zeiten mental gut zu überstehen, ist es entscheidend, sich auftauchende Unklarheiten einzugestehen, auch das eigene Verhalten in solchen Situationen zu überprüfen. ■

Nicht von ungefähr habe ich wieder und wieder meine eigene Biografie überprüft, um mir meiner Einstellungen, meiner Motive, meines Denkens bewusst zu werden. Dabei habe ich weiterhin stets im Blick gehabt, wie ich mich selbst motivieren kann. Was voraussetzte, dass ich mich und meine Stimmungslagen gut kannte. Wo gibt es Belastungen, wo kann ich einen Ausgleich finden? Für mich war es immer der Sport.

16.5 Sei ein guter Zuhörer

Für eine souveräne Selbstführung nach außen hin haben mir persönlich Kurse übers aktive Zuhören (Effective Listening) geholfen. Die Mehrzahl der deutschen Arbeitnehmer hält ihren Chef für einen schlechten Zuhörer. Das zeigte eine Untersuchung der Akademie für Führungskräfte der Wirtschaft. Weil Führungskräfte gern als aktive Macher wahrgenommen werden wollen, Zuhören aber oft als passives Verhalten angesehen wird, vernachlässigt man dieses. Dabei wird es von Mitarbeitern oder Klienten als wertschätzendes Interesse empfunden. Richard Branson erklärte auch einmal in einem Blog, dass die besten Unternehmen gute Zuhörer sind: »Manche Menschen lieben es, ihre eigene Stimme zu hören, und hören gar nicht richtig zu, wenn andere reden ... die besten Unternehmer umgeben sich mit Leuten, die in bestimmten Bereichen smarter sind als sie selbst – und hören ihnen ernsthaft zu, statt ihnen einfach zu diktieren, was sie tun sollen.«

Auch Steve Jobs, einstiger Apple-Chef, setzte bei wichtigen Entscheidungen auf harte Diskussionen und gutes Zuhören. Er fragte seine Mitarbeiter regelmäßig nach den wichtigsten zehn Dingen, die Apple im nächsten Jahr umsetzen müsste. Aus den Ergebnissen erstellte er ein Ranking und fokussierte sich schließlich auf die drei besten Ideen.

Ich besuchte auch einen zweitägigen Kurs, bei dem wir drei-, fünf- oder zehnminütige Vorträge halten mussten, die dann von den Kollegen kritisiert wurden. Damals schon lernten wir, mit den Händen eine Raute zu formen und zum Schluss die wesentlichen Punkte zusammenzufassen. In einem anderen Kurs sollten wir aus voluminösen Berichten die essenziellen Inhalte herausfinden. Selten durften wir dafür mehr als eine halbe Stunde Zeit einsetzen.

Alle Kurse hatten sehr geholfen. Es war wie ein Vertrautmachen mit dem Einmaleins des Leader-Handwerkszeugs - man hatte eine Krücke, auf die man sich stützen konnte.

16.6 Der Kunde von morgen

Der Dreiklang Technologie - Wettbewerb - Kunde bestimmt ebenfalls das Rüstzeug eines Unternehmers, der hier stellvertretend für eine Führungskraft steht. Jede Dimension verändert sich ständig, und die Schwierigkeit, das Morgen richtig zu antizipieren, hat schon viele Unternehmen scheitern lassen.

Allein die Dynamik des mooreschen Gesetzes, nach der sich alle 18 bis 24 Monate die Rechner- und Speicherkapazität von Computern verdoppelt, sorgt dafür, dass es kaum noch Wettbewerbsvorteile gibt.

> Hat man die aktuelle Technik verstanden und in die Produktkategorien eingepflanzt, droht schon die Ablösung durch die nächste Generation. ■

Betrachtet man die Liste der größten Banken und erlebt, wie sich ihre Mediatorfunktion dramatisch verändert, so kommt man nicht nur zu dem Schluss, dass die Blütezeit der Banken vorbei ist, sondern auch zu der Überzeugung, dass wir es heute mit dem Modell der Stahlindustrie in den 90er-Jahren zu tun haben. Die heutige Kundenstruktur ist keinesfalls ein gesichertes Pflaster für die Bank von morgen. Die Generation unter 30 braucht keine Bankfilialen. Und ein Unternehmen wie Wirecard, das sich auf Zahlungsdienstleistungen konzentriert und heute mit über 4400 Mitarbeitern vor den Toren Münchens domiziliert und eine Marktkapitalisierung von 20 Milliarden Euro hat (bei der Deutschen Bank sind es 16 Milliarden Euro), entspricht den heutigen technologischen Entwicklungen weit mehr. Markus Braun, CEO von Wirecard, sieht sich als Technikvorstand, ähnlich wie früher Hasso Plattner bei SAP oder Larry Ellison bei Oracle. Alle Social-Media-Unternehmen »ticken« in gleicher Weise: Der Chief Tech Guy bestimmt die technologische Richtung und zieht in vielfacher Form andere Technikfreaks nach.

Jürgen Hambrecht, einst Vorstandsvorsitzender der BASF SE, kümmert sich derzeit mit einem Start-up in Tel Aviv um eine neue Batterietechnologie, dabei geht es um den Einsatz galvanischer Elemente, um so Brennstoffzellen einfacher nutzbar zu machen. Er ist nur einer von vielen ehemaligen CEOs, die ihr Wissen heute als Ratgeber und Investor an Start-ups weitergeben.

Bereits in meiner Lehrzeit bei Shell sollten wir Auszubildenden einmal pro Woche nach Feierabend alles lernen, was mit Öl zusammenhing. Es ging dabei um einen bestimmten Teil der organischen Chemie, sie half ungemein, die vielfachen Einsätze von Ölen und Fetten zu verstehen und später auch Kunden gegenüber zu vertreten. Produktwissen wurde großgeschrieben, und da es auch detailliert in der Lehrabschlussprüfung abgefragt wurde, gab es keine Ausflüchte.

16.7 Nachhaltiges Denken = über den Tag hinausdenken

In meiner Beratungspraxis habe ich häufig erfahren, dass man sich, wenn ich nach aktuellen Wettbewerbsvorteilen fragte, unter den Führungskräften wenig Gedanken über die Nachhaltigkeit solcher Wettbewerbsvorteile machte. Die Überlegung, mit welchem Produkt, mit welcher Technik Kunden in fünf beziehungsweise zehn Jahren beliefert werden sollten, rief nicht selten betretenes Schweigen hervor. Fragen über die Einschätzung und Beurteilung der japanischen oder koreanischen Konkurrenz (damals gab es noch nicht die chinesische) konnten ebenfalls nicht kompetent beantwortet werden. Gerade in Großunternehmen sollten Führungskräfte ein Element von »eigenständigem Unternehmersein« pflegen. »Verhalte dich so, als wäre es dein eigenes Delikatessengeschäft«, soll ein Spruch von Jack Welch, einst CEO bei General Electric, gewesen sein. Er wollte Führungskräfte an Bord haben, die sich Gedanken darüber machten, was einem kleinen Geschäftsfeld passieren würde, wenn es denn eigenständig am Markt operieren würde.

Eine Führungskraft muss über den Tag hinausdenken, muss über den Tellerrand hinausschauen, muss sich auch bewusst sein, dass sie nur eine geliehene Macht hat, dass schon viele Führungskräfte zur Unzeit gehen mussten, weil sie die anvertraute Mannschaft nicht gut genug führen konnten.

16.8 Ein Nein ist keine Antwort

Die McKinsey-Trainings wurden nicht selten dazu benutzt, um sich über attraktive Angebote von »draußen« auszutauschen. Und so kam es eines Tages, dass ich die Idee von Max Geldens, für McKinsey ein stilvolles Anwesen in Wales zu kaufen, aufnahm und weiterentwickelte. Mit einer Reihe von Kollegen aus der Schweiz, Schweden und den Niederlanden entwickelte und konzipierte ich ein Trainingscenter – und mithilfe eines analytisch begabten Teams evaluierten wir anschließend unterschiedliche Standorte. Doch wie es halt so ist, wenn man versucht, alle Belange zu berücksichtigen – es passiert nichts Greifbares. Der internationale Ansatz wurde verworfen, und ich durfte versuchen, für das deutsche Büro eine Lösung zu finden. Allein auch das zeigte sich als viel schwieriger als erwartet.

Mein deutsches Analyseteam hatte unter verschiedenen Locations den Hüttlinghof in Going für gut befunden, er lag oberhalb vom Hotel Stanglwirt. Mit Balthasar und Magdalena Hauser, den Besitzern des Stanglwirts, versuchte ich, einen langfristigen Mietvertrag auszuarbeiten. Das gestaltete sich allerdings als sehr schwierig – und es war spürbar, dass einige meiner deutschen Partner lieber von dem ganzen Projekt zurückgetreten wären. Und so erfolgte eines Tages der Anruf von Fred Gluck, dem damaligen Managing Partner von McKinsey aus New York: »Herb, es wäre gut, wenn alle deutschen Partner über dieses Projekt abstimmen würden.« Okay, dann sollte es so sein. Als ich eine Abstimmung per Hand vorschlug und im nächsten Partner-Meeting eine solche machen wollte, kam die Bitte, doch lieber eine geheime Abstimmung vorzunehmen.

In der Woche darauf fand im Hotel Gravenbruch in der Nähe von Frankfurt das Meeting der Partner statt. An dem Samstagmittag, als sich das Treffen dem Ende näherte, stellte ich noch einmal kurz das Projekt vor und wies deutlich darauf hin, dass McKinsey ein derartiges Trainingszentrum brauche. Anschließend bat ich um ein Ja oder Nein. Ich ging davon aus, dass etwa 85 Prozent aller Partner zustimmen würden – und war dann total überrascht, als das Ergebnis von Jürgen Wilms verkündet wurde: 73 Prozent stimmten mit einem Nein, 27 Prozent mit einem Ja. Ich war betroffen, verließ den Meeting-Raum und brachte zur Verabschiedung nur noch heraus: »Ich akzeptiere kein Nein als Antwort« (»I don't take no as an answer«).

Eine später stattfindende zweite Abstimmung (auch deutsche Kollegen aus Brasilien votierten bei ihr) ergab eine weitere Ablehnung – jetzt waren es aber nur noch 55 Prozent. Nach dem alten und schon erwähnten Konzept: »Wenn du nicht mehr weiterweißt, dann gründe einen Arbeitskreis«, rief ich eine Arbeitsgruppe ins Leben, die das Ganze nochmals prüfen und jeden einzelnen Partner interviewen sollte.

An einem stickig heißen Junitag wurde das Ergebnis im Sheraton Hotel am Frankfurter Flughafen von Wilhelm Rall präsentiert. Es kam, wie es kommen musste: Einige waren dafür, einige dagegen. Nachdem ich die 20 Schaubilder gesehen hatte und eine gewisse Lethargie ob des Themas Platz griff, erhob ich mich und sagte, dass ich weiterhin der festen Überzeugung sei, dass McKinsey so etwas brauche, ich aber deswegen keine dritte geheime Abstimmung machen wolle. Wer dagegen sei, solle aufstehen und dies vor der Gruppe laut und deutlich begründen. Es folgte eine Totenstille, keiner rührte sich, gelegentliches Räuspern, sonst nichts. Schließlich fasste ich zusammen, dass demnach eine einstimmige Zustimmung gegeben sei. Es folgte ein Gemurmel, aber keiner traute sich, meiner Bemerkung zu widersprechen. Das Zentrum wurde ein großer Erfolg.

Beharrlichkeit und sich durch Rückschläge nicht entmutigen lassen sind Voraussetzung für langfristigen Erfolg. ■

16.9 Intensives Training

Ich bin davon überzeugt, dass fortlaufendes Training in der richtigen Umgebung Führungskräfte schult, weiterentwickelt und dazu anhält, über bestimmte Themen intensiver nachzudenken: Was für Folgen haben die virtuellen Währungen, die Kryptowährungen, für das eigene Unternehmen? In welcher Form wird sich künstliche Intelligenz in meinem Umfeld bemerkbar machen? Wie wird sie unsere Gesellschaft verändern? Wenn in China schon das Erkennen von Gesichtern per Handys funktioniert und per Closed Circuit Television (CCTV) Infrastruktureinrichtungen überwacht werden können. – was bedeutet das für uns?

In der heutigen Zeit sollte eine Führungskraft zehn Prozent seiner verfügbaren Zeit auf das regelmäßige Studium berufsrelevanter Veröffentlichungen legen. ■

Eine Führungskraft sollte mehr gelesen und gesehen haben als seine Mitarbeiter auf unteren Ebenen. Es gehört in einer ständig sich wechselnden Welt dazu, dass man nicht nur technologisch auf der Höhe ist, sondern auch die Literatur zu Organisation und Leadership kennt. Kasper Rorsted hat es sich zur Aufgabe gemacht, jährlich mit seiner Führungsmannschaft von adidas ein Harvard-Executive-Programm zu besuchen. Zuvor war er bei Henkel gewesen, und vor seinem Antritt als CEO dort im Jahr 2005 war er einige Wochen lang mit einem WHU-Professor die aktuelle Literatur und ihre praktische Anwendbarkeit durchgegangen.

Bei Siemens fanden die Führungsseminare in Feldafing am Starnberger See statt, bei Daimler auf der Schwäbischen Alb. Man lernte nicht nur an Beispielen aus dem eigenen Unternehmen und an Business-School-Fällen, man lernte auch

Kollegen aus der gleichen Führungskohorte kennen. Und nicht selten gab es sehr intensive Diskussionen mit den anwesenden Vorständen über aktuelle Themen und über die Unternehmensstrategie. Ähnliche Programme und Zentren gibt es bei Chemieunternehmen wie Bayer oder BASF. Nach meinem Eindruck sind die kulturbildenden Führungsseminare ein wesentlicher Grund für die qualitativ und quantitativ hervorragenden Führungskader vom Daimler und Siemens.

16.10 Strategisch unterwegs sein

Eine Führungskraft sollte ein größeres Netzwerk haben als seine Mitarbeiter, sollte wissen, welches Mentoring Sinn macht – und sollte strategisch denken können. Dazu gehört, dass sie eine größere Anzahl an Fallbeispielen kennt (und idealerweise auch selbst durchgearbeitet hat) und ihr eigenes Geschäftsfeld strategisch positioniert. Ich hatte immer den Anspruch, dass ich jemandem, sollte er mich nach der strategischen Ausrichtung von McKinsey befragen – und wenn er mich deswegen nachts um zwei Uhr weckte –, innerhalb von zehn Minuten die wichtigsten Punkte aufzählen konnte: recruiting the best and the brightest, continuous learning in small teams, absolute meritocracy, working on the biggest problems for the best clients, heavy emphasis on practice devt, the global approach in serving clients, self governance und up/or out policy. Von einer Führungskraft darf man erwarten, dass sie allein aufgrund der längeren Erfahrung die strategische Richtung hinterfragt, korrigiert und laufend kommuniziert.

Dazu gehört auch, dass man, wenn man einmal den Entschluss gefasst hat, sich auf mittelständische Unternehmen zu konzentrieren, die Ressourcen nicht vorwiegend bei Großunternehmen und in der öffentlichen Verwaltung einsetzt. Und ist die Zielrichtung der Aufbau eines Online-Geschäfts, dann sollte man nicht in die Fläche und in Ziegel und Mörtel investieren. Will man konsequent eigene Mitarbeiter fördern und befördern, sollten nicht die Quereinsteiger dominieren.

Roland Kamm, einstiger Kärcher-Chef, und Kollegen von ihm konzipierten auf dem Rückflug von New York nach Deutschland ein Reinigungsgerät, einen Staubsauger, der nur 199 US-Dollar im Laden kosten durfte. Kamm war auf eigene Faust mit seinen Ingenieuren in die USA gereist, um sich dort mit Experten der Reinigungsgerätebranche zu treffen, und hatte dort festgestellt, dass seine Geräte für den US-Markt zu teuer waren (nämlich 499 US-Dollar). Die Pläne waren bei der Landung in Deutschland so konkret, dass noch am selben Tag die Umsetzung dieser erfolgte. Mit Erfolg. Das günstigere Gerät eroberte den US-amerikanischen Markt.

Vielfach habe ich erlebt, dass Vorstände wenig über das Produktangebot in neuen Vertriebsformen – Baumärkte, Do-it-yourself-Ketten, Cash-&-Carry-Läden – wussten und immer noch davon ausgingen, dass der herkömmliche Elektrogroßhandel zum Installateur lieferte. Fast waren es geheiligte Lehren, dass man nichts über DIY-Geschäfte verkaufte, nichts über den unabhängigen Großhandel.

16.11 Auftreten nach innen und außen

Eine Führungskraft hat viele Gelegenheiten, innerhalb des Unternehmens und auch außerhalb aufzutreten. Hierbei ist von überragender Bedeutung, dass man kompetent über Sachthemen redet und in allen Situationen kompetent wirkt.

Erlebt man heute Führungskräfte in öffentlichen Organisationen, so gewinnt man häufig den Eindruck, dass der Strahleffekt von begrenzter Wirkung ist. Blickt man in die Runde der Vereinspräsidenten von Fußballklubs, Turnvereinen und den entsprechenden Verbänden, so ist oft auszumachen, dass die Qualität der Organisationsführung in die Kategorie »unterbelichtet« fällt. Früher waren die Kassierer die späteren Vorsitzenden ...

17

Sechster Erfolgsfaktor – Mitarbeiter motivieren und binden

In den 70er-Jahren beschäftigte sich der US-amerikanische Ökonom Peter Drucker sehr intensiv mit Studien zum Management, er wurde sozusagen zum Guru der Managementlehre – vorwiegend in den USA. Es war damals die Zeit, als an den dortigen Business Schools Management Science dominierte: Statistik und Operations Research machten komplexe Erklärungsmodelle möglich (ausgehend von Kosten-Wirksamkeits-Analysen bei militärischen Anwendungen). Und so konnten optimale Losgrößen, optimale Logistikwege, optimale Produktionsauslegungen und optimale Vertriebsanstrengungen gefunden werden. Das Gegenmodell zu dieser Schule, bei der man alles berechnen konnte, war die Beschäftigung mit dem Management. Peter Drucker erklärte: »Die besten Lösungen auf Papier taugen nicht, wenn das Management seine Funktion nicht erfüllt.«

Während wir uns in Deutschland noch mit der Allgemeinen Betriebswirtschaftsschule und dem dispositiven Faktor beschäftigten, untersuchte man jenseits des Atlantiks die Rolle des Managements im Detail. Henry Mintzberg, kanadischer Professor für BWL und Management, erforschte, dass eine durchschnittliche Aktion eines Managers etwa neun Minuten dauerte, dann müsse er sich einer anderen Angelegenheit zuwenden. Und er fragte sich, wie diese Neun-Minuten-Intervalle analysiert und optimiert werden konnten. Denn: Bei einem solch permanenten Wechsel kommen die wirklich wichtigen Fragen zu kurz, etwa, wann die Positionierung der Produkte genau bedacht wird, wann das eigene Personal, wann die Wettbewerber ausführlich analysiert werden.

Die zwischenzeitlich entwickelten Leadership-Modelle fußen auf empirischen sozialwissenschaftlichen Erkenntnissen, ohne jedoch dominante Modelle für die praktische Führung zu produzieren. Erst spätere Leadership-Theorien widmeten sich Prozessen über einen längeren Zeitraum und auf verschiedenen Ebenen, schlossen Mikroprozesse wie Wahrnehmung, Emotionen und Bewusstseinsdimensionen mit ein, aber auch Makroprozesse über den Kontext von Führungskräften und Mitarbeitern, über die Performance eines Chefs und den damit verbundenen Einfluss auf die Organisation, über Gruppen und Individuen sowie über Führung in unterschiedlichen politischen Systemen. Doch welche Theorie man sich auch vornahm, es zeigte sich in Metaanalysen, dass es keine klare Präferenz für ein einzelnes Modell gab.

17.1 Königsweg Wertschätzung

Nach meiner langjährigen Beobachtung ist aber die Mitarbeiterführung neben der strategischen Richtungsangabe *das* essenzielle Element der Führung. Egal, ob es der Tankstellenpächter, der Laden- oder Zweigstellenleiter, der Meister in der Fertigung ist, ganz gleich, ob es die darüber liegenden Ebenen betrifft – die Führungspersönlichkeit muss Menschen motivieren und an das Unternehmen binden.

Das Wort »motivieren« verweist darauf, dass etwas bewegt werden soll. Was aber nicht bedeutet, dass man Mitarbeiter wie ein Auto anschieben soll, wenn der Motor einmal nicht anspringt. Doch eine Führungskraft möchte etwas bewegen, das ist für sie vorrangig, und dazu benötigt sie Mitarbeiter, die bei diesem Tun mithelfen. Entsprechend ist es notwendig, dass diese Mitarbeiter inspiriert sind, das Gefühle haben, sich kreativ entfalten zu können – dann lassen sie sich vielleicht sogar antreiben. In diesem gemeinsamen Tun, das auf ein Ziel hin ausgerichtet ist, entsteht dann Verbundenheit. Das gelingt aber nicht, wenn keine Emotionen mit im Spiel sind; sie sorgen dafür, dass sich in der Zusammenarbeit Energie entwickelt. Diese Emotionen müssen auch für den Mitarbeiter nachvollziehbar sein – er wird kaum zu motivieren sein, wenn es der Führungskraft nur darum geht, den eigenen Ehrgeiz zu befriedigen.

Den Menschen in den Mittelpunkt zu stellen, ist zentral für ein Unternehmen. Dabei geht es aber nicht nur um die Entwicklung von Potenzialen, sondern auch um eine gleiche Gesinnung. Man kann dann auch von einer Unternehmensidentität sprechen:

> Menschen wählen im Vorfeld ein Unternehmen aus, weil es zu dem passt, wie sie denken, wie sie fühlen. ■

Das Sammeln von Gleichgesinnten kann sich aber auch innerhalb des Unternehmens entwickeln. Ein begabter Manager gruppiert bestimmte Mitarbeiter um sich und erzielt auf diese Weise im Unternehmen eine Sonderstellung – so die Gruppe Weber, die die Tankinnenreinigung bei Kärcher zum Geschäft gemacht hatte. Die 20 Leute und ihr Chef waren ähnlich gestrickt, sie machten ungewöhnlich effektive Geschäfte und stellten viele andere Bereich bei Kärcher hinsichtlich Umsatz- und Ertragsentwicklung in den Schatten. Ähnlich ist es bei der Lindt-Schokolade beim großen Schokoladenhersteller Lindt & Sprüngli.

Gelegentlich spricht man von Menschenfischern, wenn ein Leader das gut kann, wenn Mitarbeiter das Gefühl haben, sich ganz besonders für ihn oder sie einsetzen zu sollen. Aus meiner Erfahrung kann eine solche Führungspersönlichkeit auf freiwilliger Basis bis zu 20 bis 30 Prozent mehr Zeiteinsatz sowie höher qualifizierte Leistungen erbringen. Dazu muss sie sich als ein Rollenmodell akzeptieren, dem andere nacheifern wollen, dazu muss sie es verstehen, die Mitarbeiter für die vielfältigen Aufgaben zu begeistern, muss sich auch um die Mitarbeiter »kümmern«.

Mich beeindruckten »people guys«, die nahbar waren, die sich meinen Namen und meine Projekte merken konnten, die spürten, was mich »umtrieb«, und denen mein Schicksal, mein Weiterkommen am Herzen lag. Fred Gluck, einst Managing Director bei McKinsey in New York, beschrieb sein Führungsmotto mit »Lass anderen den Ruhm« – und so ließ er lieber keinen aus bei seiner Aufzählung, wer was getan hatte, als dass er seine eigene Rolle in den Vordergrund spielte. Heute noch schulde ich Ina Weber, die das operative Geschäft leitete, Dank. Meine Antrittsrede während eines Winter-Retreats kommentierte sie mit den Worten: »Das war eigentlich nicht schlecht, nur haben Sie viel von Ihren eigenen Klientenerfahrungen bei Daimler und bei Siemens erzählt, aber über die Hälfte der Berater und Beraterinnen hat keine Erfahrung bei Daimler oder Siemens gemacht – und die kommen sich nach so einer Rede verloren vor.« Von dieser Stunde an achtete ich auf eine ausgewogene Bilanz im Loben – und erst recht beim Kritisieren.

Da wir ja alle drei Monate Berater beurteilten, standen auch alle drei Monate Kolleginnen und Kollegen zur Beförderung an. Ich versuchte, mich über jeden Einzelnen zu informieren - und verfasste dann einen handgeschriebenen Gratulationsbrief. Ähnliches machte ich bei einer besonders gelungenen Präsentation, bei einem gelungenen Auftritt in einem Training, bei Geburtstagen, Verlobungen, Vermählungen und bei Geburten. Da ich mich bemühte, so viele persönliche Aspekte mit hineinzubringen wie möglich, wurden diese handgeschriebenen Briefe ein spezielles Signum von mir. Heute noch höre ich von ehemaligen Kollegen und Kolleginnen, dass diese Briefe besonders wichtig in der teils doch sehr stressigen Projektarbeit waren.

Immer wieder habe ich erfahren, dass junge Mitarbeiter oft daran dachten, wegzugehen (das hieß bei McKinsey: »unwanted attrition« - unerwünschter Abrieb), dass sie »heiß« waren, in die USA versetzt zu werden, dass sie genug hatten von Gemeinkostenwertanalyse-Projekten (OVA, Overhead-Value-Analysis), und dass sie gerne ein wenig mehr »Exposure« bei Trainings, Meetings etc. hätten. Entsprechendes zu antizipieren, es offen anzusprechen und mit Lösungen zu kommen, konnte Wunder bewirken. Da war plötzlich einer, der sich in ihre Nöte hineinversetzen konnte, der sie nicht nur mit einem Schulterklopfen abtat (»Wird schon!«), der das Feedback nicht in einem einminütigen Fahrstuhlgespräch abwickelte.

Wertschätzung drückt sich bereits in kleinen Gesten aus und kann Wunder bewirken. ■

17.2 Fischen im »Goldfischteich«

Im Lauf der Jahre war nicht zu übersehen, dass Unternehmen wie Bertelsmann einen »Goldfischteich« mit den Führungskräften von morgen »anlegten« – ungefähr 30 zukünftige Führungskräfte wurden speziell gefördert, von Mentoren begleitet und schneller als ihre Altersgenossen befördert. Natürlich war man auch dort mit dem Selektionsmechanismus an Grenzen gestoßen: »Wer schlägt solche Goldfische vor?« – »Wer beurteilt ihre Leistung außerhalb des Bereichs, in dem sie arbeiten?« – »Wie kann man sie in anderen Bereichen einsetzen, ohne dass sie dort versauern?« In mehreren Großunternehmen hielt man den »Teich« der Potenziellen bewusst groß, weil man sich über die wirkliche Stärke des Einzelnen noch nicht hinreichend klar war.

Als Mitgründer der Bayerischen Elite-Akademie lernte ich, wie junge Menschen, die sich neben hervorragenden akademischen Leistungen auch außerhalb dieser Welt durch persönliche Interessen hervorgetan hatten, ab Mitte 20 enorme Entwicklungssprünge machten. Ein gutes Examen, versiert in vielen Fächern, dazu belesen und politisch interessiert, forderte geradezu ein Extrabrot, eine Sonderbehandlung heraus. Aus meinen Mentees der Elite-Akademie formte sich ein Kern, und zweimal im Jahr treffen wir uns in Tirol und diskutieren – nach Absolvierung unserer Lesedeputate – bis tief in die Nacht, im Gefühl, zu etwas Besonderem geformt und aufgerufen zu sein. Als Schutzpatron der jungen Menschen will ich sicherstellen, dass sie mit ihren beeindruckenden Fähigkeiten mehr von sich verlangen und mehr für die Gesellschaft beitragen. Um Gottes willen sollen sie nicht den Weg der Allgemeinheit gehen.

Wir sind inzwischen eine Gruppe von 15 Personen unter der Führung meines ehemaligen Mentees Johannes Elsner, und in jeder Hinsicht sind wir exzeptionell. Zwölf Jahre kennen wir uns, in diesen Jahren haben die Youngsters geheiratet, Kinder bekommen, Jobs angenommen und gewechselt - aber am Bewusstsein, etwas Besonderes zu sein, hat sich nichts geändert.

17.3 Hindernisse aus dem Weg räumen

Organisationen haben eine große Regelungsdichte, und oft erleben Mitarbeiter, dass wirklich originelle Ideen oder Vorschläge an dieser Regelungsdichte scheitern. Als bei Siemens der Entwicklungsbereich in der Boschetsrieder Straße mehr oder weniger um 21:45 Uhr dichtmachte, weil die Tiefgarage kurz darauf schloss, nahm sich Entwicklungspapst Dietrich Botsch ein Herz - er traf sich mit dem Betriebsrat, um die Tiefgarage die ganze Nacht offen zu halten. Das Meeting dauerte zwei Stunden, dann war das Problem gelöst. Die ständig wiederkehrende Ansage, dass der Betriebsrat »dagegen« sei, stimmte einfach so nicht.

17.4 Vertrauen aufbauen

Vertrauen baut man über Jahre auf - und kann es in Stunden verlieren. Will eine Führungskraft Vertrauen aufbauen, so geht das nur, indem man gute und weniger gute Situationen mit den Mitarbeitern durchlebt. Oft sind es gerade die kritischen Erlebnisse - ein Kunde ist abgesprungen, ein Wettbewerber hat das Unternehmen angeschwärzt, ein Teammitglied hat woanders angefangen -, in denen Mitarbeiter von der Führungskraft glaubwürdiges Handeln verlangen. Sie wollen, dass diese die Schuld auf sich nimmt, statt nach unten zu »treten«.

Im richtigen Moment daran zu denken, dass man selbst einst ähnliche Situationen erlebt hat, dass »nichts so heiß gegessen wird, wie es gekocht wird«, dass absolute Offenheit eine Problemlösung einfacher ermöglicht, schafft Vertrauen. Aus meiner Erfahrung ist das Trustbuilding kein Key-Performance-Indikator, sondern eine Soft Skill, die im Zeitverlauf wächst und entscheidend dazu beiträgt, dass auch die Mitglieder im Team untereinander Vertrauen aufbauen.

17.5 Fordern und Fördern

Am nachhaltigsten haben uns die Lehrer und Ausbilder beeindruckt, die das meiste aus uns herausgeholt haben. Vom Vorstand der Shell, von Dr. Rothenberger, dem Vater der Opernsängerin Anneliese Rothenberger, als 16-Jähriger während eines Besuchs im Stuttgarter Großtanklager entdeckt worden zu sein (nachdem ich mehrmals etwas hatte wissen wollte, beugte er sich zum neben ihm sitzenden Ausbilder und wollte meinen Namen erfahren) und regelmäßig als Erster nach meiner Meinung gefragt worden zu sein, baute mich auf.

In ähnlicher Form erlebte ich, dass in den U-21-Spielern, wie ich die jungen Mitarbeiter bei McKinsey nannte, großes Potenzial steckte, das sie dann bei vielen Gelegenheiten (Trainings, Klienten-Meetings) auch zeigen konnten.

Eine kompetente Führungskraft denkt vorausschauend – welche nächste Phase passt zu meinem Mitarbeiter? In welches Land kann ich ihn schicken?

■

Häufig liegt zwischen Anspruch und Realität eine große Spanne. Viele wollen nach New York oder San Francisco transferiert werden, aber nur wenige kommen dorthin. Es ist die Aufgabe der Führungskraft, hier ein sinnvolles Erwartungsmanagement zu betreiben (vielleicht ist ein Aufenthalt in Brasilien nicht minder spannend).

Dazu gehört ebenfalls, Enttäuschungen im Verhalten der Mitarbeiter balanciert zu bewerten und – wo nötig – zu sanktionieren. Die kompetente Führungskraft weiß, dass gerade hier wohlfeile Ausnahmen sehr schlechte Auswirkungen auf die Betroffenen haben.

Was das Sanktionieren betrifft, möchte ich zwei Beispiele nennen. Erster Fall: Zwei McKinsey-Direktoren, Hartmut Emans und Axel Eckhardt, versuchten, ein Unternehmen aus der Treuhandversteigerung zu kaufen. Ein solches Vorgehen war explizit untersagt worden, denn wir arbeiteten als Berater in der Treuhand und hatten Zugang zu vielen internen Informationen. Als sie dann doch 1991 ein Angebot für ein Traditionsunternehmen aus dem Elektro- und Anlagenbau abgaben und ich darüber unterrichtet wurde, habe ich nach Abstimmung mit Fred Gluck, unserem damaligen Chef in New York, eine fristlose Kündigung ausgesprochen. Das Office nahm den Rausschmiss mit großem Interesse auf (und ich hatte Ruhe). Der zweite Fall war die Weitergabe einer Analyse vom Autohersteller A an das Team vom Autohersteller B – eine junge Kollegin erzählte mir davon. Und ich verbrachte viel Zeit damit, den Teammitgliedern eine dunkelgelbe Karte zu zeigen. Der Partner konzentrierte sich dann auf andere Klienten.

17.6 Feedback geben

Hört sich sehr einfach an, ist aber in Wirklichkeit sehr schwierig. Prozesse, in denen ein Feedback am Jahresende gegeben wird, sind wenig hilfreich. Rückmeldungen sollten häufiger sein, sie sollten zudem mit konkreten Beispielen unterlegt sein, und sie sollten dem Betroffenen helfen, das kann sich auf die Mitarbeiter beziehen, aber ebenso auf die Führungskraft. Aus diesem Grund sollten sie dokumentiert und unterschrieben werden. Nicht selten habe ich erlebt, dass nach einem negativen Feedback zu hören war: »Das habe ich ihm ausdrücklich gesagt, das weiß er ganz genau ...«, um dann festzustellen, dass man eine große Scheu davor hatte, eine negative Einschätzung wirklich anzusprechen und zu diskutieren.

Im Fußball der deutschen Nationalmannschaft kann man derzeit eine Kultur des versteckten Feedbacks beobachten: So richtig offen traut sich keiner, die Pleite bei der letzten Weltmeisterschaft an Personen festzumachen – und entsprechende Konsequenzen zu fordern. Die Feedbacks finden auf dem Platz statt, und die sind meist sehr viel härter, als wenn die Führungsebene individuell für Fehler einsteht.

Sich nicht als Maß aller Dinge zu sehen, sich selbst distanziert betrachten zu können, hilft bei einem klaren Feedback.

■

17.7 Authentisch führen

Oft führt die Beförderung zum Vorstand oder zum Bereichsleiter zu einem völlig anderen Verhalten. Da kann man verfolgen, dass die Erkenntnis aus Goethes *Faust* nicht zutrifft (na ja, ist ja auch von Mephistopheles formuliert): »Setz deinen Fuß auf ellenhohe Socken / Du bleibst doch immer, was du bist.« Plötzlich sieht man sich herausgehoben, man gehört zu den ganz wenigen, hat hohe Weihen empfangen und möchte naturgemäß, dass es auch die Umwelt so sieht. Sich im Spiegel zu sehen und weiterhin authentisch zu bleiben, nahbar für die Mitarbeiter zu sein und den Sprüchen von der Ausnahmeerscheinung nicht über Gebühr zu trauen, das hilft, um der zu bleiben, der man ist. Es hilft besonders, wenn man sich daran erinnert, dass man selbst einst normaler Mitarbeiter war, dass eine erwartete Beförderung ausblieb und dass man bei eigenen Fehlern oft einen gnädigen Chef brauchte.

17.8 Glaubwürdiges Rollenbild vorleben

Ein Chef ist ein Chef ist ein Chef – so oder so ähnlich hat es Pierre de Villiers in seinem Buch *Qu'est-ce qu'un chef?* beschrieben. Der Chef sollte eine Role Model sein, und die Mitarbeiter sollten zu ihm aufschauen können. Mir persönlich hat in kritischen Situationen häufig geholfen, dass ich mich fragte: »Was würde Marvin Bower in einer solchen Lage tun?« Marvin Bower, die Inkarnation von McKinsey, hatte nicht nur ein profundes Wissen über Business-Inhalte, er galt auch als ethisch vertrauenswürdige Person, die unbeugsam weise Ratschläge erteilte. Die waren untermauert durch die Art, wie er lebte, wen er sah, von wem er sich fernhielt.

Wer Vorbild sein möchte, sollte nicht nur fundiertes Wissen haben, es geht auch um Auftreten und die äußere Erscheinung. Eine Führungskraft sollte all diese Facetten leben.

In meiner Funktion als Kommissionsleiter für verschiedene bayerische Ministerpräsidenten hatte ich häufig auch Unternehmer in die Staatskanzlei einzuladen. In den letzten Jahren war es schon erschreckend, zu beobachten, wie sehr Unternehmer, insbesondere aber Manager ihren Ruf verspielt haben – und es sehr schwer war, sie einzuladen. Angela Merkel soll einem Josef Ackermann von der Deutschen Bank sowie einem Martin Winterkorn von VW vertraut haben. Das Ergebnis ist bekannt.

17.9 Kompetenz halten

In der digitalen Welt passieren die Dinge schneller. Führungskraft in einem Umfeld zu sein, wo das Gestrige heute veraltet ist und das Morgige noch nicht am Horizont aufgetaucht ist, kommt einer Überforderung gleich. Hier ständig auf der Höhe des technologischen Wissens zu sein, sich die richtigen Hilfskräfte zu holen und auf deren Wissen zu bauen, kann eine Erfolgsformel sein. Allerdings kann es auch gelegentlich wirken, wenn man Sachverhalte nicht bis in die Tiefe durchdringt und dieses offen zugibt und eine personelle Lösung dafür vorschlägt.

Beim Peter-Prinzip wurde erwähnt, dass viele Führungskräfte keine Glaubwürdigkeit bei Arbeitnehmern haben – diese schockierende Aussage trifft sicher in der Breite nicht zu. Aber angesichts der enormen Compliance-Fälle der letzten Jahre, angesichts der Fehler in den Entwicklungsabteilungen und auch angesichts der Unantastbarkeit der Gehälter darf man sich nicht wundern, wenn viele Führungskräfte – bis in die obersten Ebenen – in den letzten Jahren an Glaubwürdigkeit eingebüßt haben.

18

Siebter Erfolgsfaktor – jung im Kopf bleiben

Entscheidend ist, unterschiedliche Perspektiven einnehmen zu können. Früher hieß es: »Lerne zu empfinden wie deine Kunden«, und diese Aussage ist vermutlich noch heute der Schlüssel, wenn es darum geht, die Sichtweise des Empfängers zu simulieren. Man kann einem Kunden hundertfach sagen, dass die eigenen Produkte und die eigenen Serviceleistungen besser sind als die der Konkurrenz. Doch wenn der Kunde nicht so empfindet, nützt das gar nichts. Laufend nachzufragen, was besser gemacht werden könnte und in welchen Dimensionen das »umfassende« Serviceangebot erweitert werden sollte, ist sicher hilfreich.

Bei McKinsey haben wir häufig intern unabhängige Klientenbewertungen machen lassen und anschließend die Ergebnisse mit den Klientenserviceteams diskutiert – und wo Not am Mann war, Abhilfe geschaffen (der Austausch von Teams war keine Seltenheit). Für eine kompetente Führungskraft heißt das, dass man sich in die verschiedenen Mitarbeiterebenen hineinversetzen kann. Herbert Quandt fragte einst, wie denn die große Führungsorganisation bei Varta (Divisionalisierung) auf den Arbeiter in der Batteriefertigung wirke. Mit seiner hohen Stimme insistierte er beharrlich: »Kann der Meier das auch? Ist eure Ansage auch bei ihm angekommen.«

Meier war der sinnbildliche Arbeiter im Ellwanger Werk, in dem Trockenbatterien hergestellt wurden. Dass der Techniker den Kaufmann versteht, der Arbeiter den Chef und umgekehrt, ist wichtig, ebenso, dass die Kurzfristbetrachtung auch eine Langfristbetrachtung erfordert.

18.1 Unbedingt den IT-Führerschein machen

Aus eigener Erfahrung weiß ich, dass IT-Mitarbeiter eine eigene Sprache haben, dass die Zeitbegriffe eines »normalen« Menschen für sie nicht gelten und dass sie ständig überlegen, wegzugehen, um woanders besser entlohnt zu werden. Mich trieb das zur Weißglut, denn wir waren mit den ganzen PC-Architekturen darauf angewiesen, IT-Leute mit einer gewissen Serviceorientierung zu haben. Erst als mich mein Kollege Dietmar Meyersiek einmal über ein paar Tage verteilt in die Welt der IT-Freaks einführte, das heißt, ich meinen IT-Führerschein machte, konnte ich mit den ITlern auf deren Ebene mitsprechen. Derzeit bin ich Aufsichtsratsvorsitzender von ottonova, der ersten Online-Krankenversicherung in Deutschland. Es bedurfte einer längeren Lernphase, um zu verstehen, dass 60 Prozent aller Mitarbeiter Softwareexperten waren und diese mental ganz anders drauf waren als die Vertriebs- oder Verwaltungsmitarbeiter.

18.2 Nie am Alten festhalten

Man muss offen für Neues sein in der Welt von Moore's Law. Die alte Formel in der verarbeitenden Industrie – zehn bis 20

Prozent Entwicklungszeit und 80 bis 90 Prozent Kommerzialisierungsphase – gilt nicht mehr. Die Wettbewerbsbarrieren verschieben sich. Die Banken von gestern waren Mediatoren für die gesamten Geldflüsse, heute sind diese Zeiten vorbei. Die Kryptowährungen haben eine Bedeutung erlangt, die man sich nie hatte vorstellen können. Es mag ja sein, dass Bitcoins keine Währung für die Zukunft sind, aber: Bei Hackerangriffen werden Bitcoins als Währung gefordert.

Hackerangriffe wiederum können über Nacht die Informationsbasis eines ganzen Unternehmens zerstören. Neue Vertriebsformen können die herkömmlichen stationären Formen ablösen, und wenn die Führungskraft an entscheidender Stelle für solche Neuerungen keine Zeit hat beziehungsweise um sie herum Status-quo-Denker in Position sind, kann es ein böses Erwachen geben.

Im Automobilbau erzählt man sich heute noch von den heißen Diskussionen um den Vier-Wege-Katalysator, davon, dass die Autoentwickler hoch und heilig versicherten, dass dies technisch zu akzeptablen Kosten nicht möglich sei. Und als die Politiker den Katalysator doch beschlossen, gab es dieses böse Erwachen. Heute werden Autos ohne einen Vier-Wege-Katalysator nicht mehr gebaut.

Messebesuche, auch die unmittelbar interessierenden Schauen, können einem die Augen öffnen über neue Komponenten, neue Fertigungsverfahren, über Softwareentwicklungen von morgen. Sie bringen einen dazu, zu hinterfragen, wie dies auf die eigenen Produkte wirken mag.

»So viel Neues wie heute gab's noch nie« – diese Bemerkung hörte ich 2019 anlässlich eines Besuchs der Hannover Messe, auf der früher die Leistungsschau der deutschen Industrie stattfand. Doch wo einst ausschließlich die Hardware dominierte, wird dies nun durch Anwendungssoftware ergänzt (über die Hälfte der Aussteller, insbesondere aus China). Ein großer Andrang war bei Festo Bionik, wo biotechnische Erzeugnisse gezeigt wurden. Es gab dort einen Koffer, mit dem man Gewässeranalysen machen konnte, man konnte dort sehen, wie ein kleiner Roboter arbeitete (Cobot).

Will man heute erfolgreich sein, dann sollte man die neuen Entwicklungen kennen. ■

18.3 Lernen und immer wieder Lernen

Das lebenslange Lernen kann man auf verschiedene Weise praktizieren, insbesondere wenn man weiß, dass die 20-minütige Lektüre der Tageszeitungen dazu nicht reicht. Immer wieder müssen die grauen Gehirnzellen mit den neuesten Erkenntnissen angefüttert werden.

Als Beispiel für die Atrophie von Institutionen des Lernens mag das Weltwirtschaftsforum in Davos gelten. Während vor 20 Jahren die Veranstaltungen größtenteils neuen Themen und den Diskussionen darüber gewidmet waren, sind diese Innovationsforen inzwischen an den Rand gedrängt worden. Die Qualifikation, die größte Cocktailparty der Welt zu sein, scheint immer mehr zuzutreffen. Ganz anders sind die digitalen Gipfel der Telekom über Wirtschaft und Politik.

Tim Höttges, Vorstandsvorsitzender der Deutschen Telekom, hat sein eigenes Davos im Tagungszentrum Schloss Hohenkammer im oberbayerischen Landkreis Freising installiert. Einmal im Jahr lernen hier Kommunikationstechniker aus der ganzen Welt (darunter auch welche von Huawei) eine Menge über die neuesten technischen Entwicklungen und die auf ihnen folgenden Konsequenzen für die Gesellschaft.

Themenwahl, Vorträge und Teilnehmer sind herausragend. Ähnlich erfahre ich viel von den Veranstaltungen des Münchner Instituts für Wirtschaftsforschung (ifo) oder denen des Max-Planck-Instituts für Gesellschaftsforschung. Auch die jährlichen Touren ins Silicon Valley beziehungsweise nach China oder Russland sind sehr intensive Bildungsreisen.

Früher - so vor ungefähr 50 Jahren - hieß es, dass jemand, hatte er die Grundsätze ordnungsmäßiger Buchführung (GoB) gelernt, dieses akademische Rüstzeug für ein ganzes Berufsleben ausreichte. Es war eben wissenschaftliche Buchführung. Das hat sich inzwischen verändert. Die quantitative Richtung hat die BWL nachhaltig umgekrempelt, und die Einbeziehung der Nachbardisziplinen Soziologie, Psychologie, Jura und Arbeitsmedizin noch mehr. Ähnliches erfuhr ich bei einem Rundgang durch ein physikalisches Forschungslabor am Eselsberg in Ulm. Lothar Stein, promovierter Physiker, sagte, dass er nach fünf Jahren mit seinem Wissen schon obsolet war.

18.4 Ausgefülltes Privatleben

Kinder sind gute Erzieher. Das stimmt heute besonders, da Kinder viel früher über viel mehr informiert sind, und da bedarf es viel Zeit und Hingabe, um von ihnen als Führungspersönlichkeit ernst genommen zu werden. Kinder sind aber nur eine Dimension des Privatlebens. Bei McKinsey galt damals das alte Marvin-Bower-Wort: »Hinter jedem großen Mann steht eine große Frau.« Aus dieser Erkenntnis praktizierte man die Einbindung der Partner und Partnerinnen vom ersten Tag an. Was war das doch für ein tolles Gefühl, im Alter von 29 mit der Ehefrau und vielen Gleichaltrigen für drei Tage nach Rom eingeladen zu werden, alle Partner aus den anderen Büros kennenzulernen und Marvin Bower und Lee Walton sprechen zu hören.

Damals wurde noch nicht so intensiv von Work-Life-Balance gesprochen wie heute (wenn einem die Arbeit Spaß machte, schaute man nicht auf die Uhr ...). Aber ich konnte trotzdem regelmäßig Sport treiben (Skitouren, Hanteltraining, Joggen, Schwimmen, Radfahren, Segeln) und daraus eine große Befriedigung ziehen.

18.5 Sich quälen

Ich hatte und habe weiterhin große Probleme mit den endlosen Diskussionen über Work-Life-Balance, besonders bei herausragenden jungen Akademikern. Dafür benutze ich immer wieder das FC-Bayern-Beispiel: »Wenn ihr bei einem Topklub spielen und auch die Bezahlung bei einem Topklub realisieren wollt, dann müsst ihr euch quälen. Ihr müsst sehen, dass es andere gibt, die besser sind, ihr müsst euch mehr reinhängen, um in die Mannschaft berufen zu werden. Dann sitzt ihr auch nicht ewig auf der Ersatzbank, dann werdet ihr auch nicht verkauft.« Ähnlich geht es bei Start-ups und leistungsorientierten Unternehmen zu: Ja, man erwartet einen hohen Einsatz, man lernt aber auch enorm viel, und man wird sehr ordentlich bezahlt. Natürlich spielt der Gruppendruck eine Rolle. Viele Teams arbeiten exzessiv, und keiner traut sich, um acht Uhr abends ins Fitnessstudio zu gehen. Aber ich erlebte oft, dass Alumni berichteten, dass das harte Arbeitsumfeld sie geprägt habe.

Wenn junge Menschen fragen, wie viel Zeit sie bei ihrem Beruf zum Chillen hätten, sage ich meist, dass sie das selbst bestimmen können. Letztlich hängt es davon ab, wie produktiv sie in einem gesetzten Zeitrahmen arbeiten und inwieweit sie rote Linien ziehen (keine Wochenendarbeit, mindestens zweimal im Monat ins Theater oder Kino oder Treffen mit Freunden). Und natürlich auch, wie sie diese roten Linien auch einhalten. Mich hat bei McKinsey das erste Jahr sehr geprägt, als ich mit meinem Rookie-Freund Hans Widmer Punkt acht Uhr den Tag begann und um 19 Uhr aufhörte, während die beiden anderen Teammitglieder oft bis Mitternacht arbeiteten und am nächsten Morgen erst um halb zehn im Teamraum erschienen.

Als Jan Ullrich 1997 auf der 18. Etappe der Tour de France schwächelte, soll ihn Teamkollege Udo Bölts mit den Worten: »Quäl dich, du Sau!« angefeuert haben. Angeblich soll das Ullrich noch einen letzten Energieschub gegeben haben. Aber es gibt auch die Antwort: »It may not be your thing« (»Es passt einfach nicht für dich«).

Also: sich reinhängen, sich quälen, mehr Bücher lesen, Leute aus anderen Disziplinen kennenlernen – all das kann einen jungen Menschen früh zur Führungsfigur befähigen. ■

18.6 Die Dortmunder Perspektive

Kam ein Kandidat gebürtig aus Dortmund, war er dort zur Schule gegangen und hatte auch in Dortmund studiert, war er mit den Eltern viele Jahre lang nach Rimini in den Urlaub gefahren, dann sah ich einen langweiligen Menschen vor mir und konnte mir absolut nicht vorstellen, dass er einmal andere für sich begeistern oder ein Team leiten konnte. Oft habe ich aber auch den »Ennui«-Faktor als einen differenzierenden erkannt. War eine Person in Interviews langweilig oder wirkte gelangweilt, hatte sie bei mir schlechte Karten gehabt.

Heute erleben Führungskräfte, dass der chinesische Markt sehr spannend sein kann, obwohl sie weder in der Schule noch an der Uni etwas über das »Reich der Mitte« gelernt haben. Ähnlich ist es mit anderen asiatischen oder afrikanischen Ländern. Als europäischer Manager von McKinsey war ich involviert im Aufbau von Büros in China, Südkorea und Südafrika. Ich erlebte, was es bedeutet, dort – im Consulting-freien Raum – den professionellen Approach einzuführen. Die dazu nötigen Start-up-Hilfen erhielten wir durch Transfers (das deutsche Büro war in der Firma der mit Abstand größte Exporteur von Consultants) und durch Rekrutierung von Einheimischen, die an angloamerikanischen Business Schools studiert hatten.

Wenn man wie ich die meiste Zeit als Berater bei Industrieunternehmen verbrachte, war die Beratung einer großen Bank (damals Deutsche Bank) ein ungewöhnlicher Challenge. Um heute ein IT-Unternehmen (SAP) zu beraten, ist es geradezu »normal« geworden, sich in andere Berufsbilder, Nationalitäten und Perspektiven hineinzudenken – normal jedenfalls, wenn man den Überblick behalten und weiterkommen will. Die Dortmunder Perspektive hilft da nicht wirklich weiter.

18.7 Sich der Kritik stellen

Wer sich den zukünftigen Herausforderungen stellt, sollte auch Kritik zulassen können. An der Schule und an der Uni waren die Lehrer oder Dozenten einst über jeden Zweifel erhaben. Sie hatten immer recht, thronten auf ihrem Herrschaftswissen und waren auf Lebenszeit bestellt. Das hat sich Gott sei Dank gründlich geändert. Im Gefolge der Studentendemonstrationen von 1968 wurde die Beurteilung von Dozenten eingeführt. Heute gibt es regelmäßiges Feedback von Studenten, und dieses Beurteilen wird von 90 Prozent der Studenten mit viel Vehemenz angenommen. In den Social Media wird sehr umfassend über die scholastischen Qualitäten geurteilt.

Wir leben in einer Welt der Transparenz und der permanenten Kommunikation, sodass sich Führungskräfte ständig auf dem Prüfstand sehen. ■

Das Urteil des Kapitalmarkts ist ein sehr wichtiges Feedbackinstrument bei börsennotierten Unternehmen. Bei allen anderen haben sich mehrstufige Feedbacksysteme etabliert, an denen keine Führungskraft vorbeigehen sollte.

Seit es in vielen Unternehmen Upward-Feedbacks gibt, also Mitarbeiterumfragen, wird man als Führungskraft ähnlich regelmäßig wie Dozenten mit Kritik konfrontiert. Solange das anonym passiert und nicht über Gebühr drastisch ausfällt, kann man in der Regel damit leben.

Anders ist es, wenn aus dem engsten Kollegenkreis Kritik geübt, wenn »durchgestochen« wird und die Presse plötzlich Dinge weiß, die sie nicht wissen sollte. McKinsey war eine Welt des offenen Feedbacks und der kritischen Selbstreflexion (solange dies nicht in schriftlichen Feedback-Memos passierte). Man wusste, woran man war, und konnte sich danach richten.

Angela Merkels Aussage über Ökonomen – »Wenn ich vier Wissenschaftler frage, bekomme ich divergierende Antworten« – mag in gewisser Weise den Spalt zwischen Politik und Wissenschaft/Wirtschaft aufzeigen.

Vor der Europawahl im Mai 2019 und auch kurz danach diskutierte fast ganz Deutschland über ein Video, dass der YouTuber Rezo unter dem Titel »Die Zerstörung der CDU« ins Netz gestellt hatte. In ihm übte der Influencer heftige Kritik gegenüber Parteien wie der CDU, der CSU und der SPD. Meinte, diese Parteien seien auf vielen Politikfeldern inkompetent, der Klimawandel würde sie überhaupt nicht interessieren. Sie ignorierten einen breiten wissenschaftlichen Konsens, der sie eigentlich dazu bringen müsste, endlich effektive Maßnahmen gegen die Erderwärmung zu ergreifen. Dadurch drohten nun Flüchtlingskatastrophen, Epidemien, das Aussterben von Tierarten und Schäden in Billionenhöhe.

Die CDU hatte ihn nach seinem millionenfach angeklickten Video zu einem Meinungsaustausch eingeladen. Auf Twitter schrieb Rezo, seine »öffentliche Frage an die CDU« sei nun zunächst, ob man in der Partei einen Kurswechsel in der Klimapolitik inzwischen für notwendig halte oder nicht. In seinem Tweet wandte er sich an CDU-Generalsekretär Paul Ziemiak und Parteichefin Annegret Kramp-Karrenbauer: »Sagt ihr ›Ja, wir müssen einen deutlichen Kurswechsel machen und lasst uns mal über das WIE reden‹, oder sagt ihr ›Ne, ein deutlicher Kurswechsel ist nicht nötig‹? Wäre also nice, wenn ihr es wie die SPD ebenfalls schafft, darauf auch eine klare Antwort zu geben.« Ich war erschrocken über die Hilflosigkeit der CDU, über die Untätigkeit von Ziemiak, darauf zu reagieren.

19 Schlussfolgerungen

Sprechen wir von Führung, haben wir es nicht nur mit den Big Shots zu tun, mit Klopp, Kaeser und Kramp-Karrenbauer. Im Topmanagement gibt es vielleicht ein bis zwei herausragende Persönlichkeiten, im oberen Management 1000, im mittleren Management 3000 und im unteren Management 15 000 – und mindestens doppelt so viele, die ins Management streben. Also haben wir es mit einer erheblichen Größenordnung zu tun.

Ich habe versucht, darzustellen, dass kompetente Führung *der* entscheidende Faktor für den Erfolg eines Unternehmens, eines Unternehmensteils, eines Vereins, einer Kommune, einer Universität, Schule, politischen Partei, einer jeden Organisation ist, in der Menschen zusammenwirken.

Und es ist sicher unbestritten, dass in der VUCA-Welt Führung eher noch wichtiger wird, zumal wir in Europa in den nächsten 15 Jahren circa 20 Prozent weniger Menschen in dem für Führung so wichtigen Alter von 30 bis 50 Jahren haben werden. Und nochmals, weil es so wichtig ist:

> Der Bedarf an kompetenten Führungskräften nimmt allein aufgrund der disruptiven Veränderungen zu – und das Angebot nimmt aufgrund des Rückgangs der Geburten ab.

■

Führung tut not, möchte man rufen, wenn man schwache Politiker, Verbandsobere, kommunale Spitzen und natürlich erst recht schwache Manager erlebt. Und wenn man sieht, wie häufig sich Menschen, die durchaus qualifiziert wären, vor Führungsaufgaben drücken.

Es sollte weiterhin aufgezeigt werden, welch gravierende Veränderungen nötig sind, um mehr Frauen in Führungsrollen zu bringen, inwiefern Gendergerechtigkeit überfällig ist, aber auch, wie das Peter-Prinzip die Gefahr in sich birgt, dass viele Führungskräfte auf der Ebene der Inkompetenz landen.

Zudem sollte herausgestellt werden, wie der exzessive Hang zur kollektiven Führung in Deutschland sich überlebt hat, von der frühen Führergeneration im »Dritten Reich« über die kollektive Führung der Nachkriegszeit zur aufgeklärten individuellen Führung an der Spitze von Organisationen.

Aus persönlicher Erfahrung habe ich die Führungswelt von McKinsey intensiver beleuchtet und dabei auch darauf verwiesen, wie viele außerberufliche Engagements im Sport, in der Politik und in der Universität (bin immer noch Fakultätsmitglied der LMU in München) mir Einblicke in andere Führungskulturen gegeben haben.

Mit einer Darstellung der sieben Erfolgsfaktoren wollte ich aufzeigen, dass Führung lernbar ist, dass es erfüllend sein kann und dass man nicht zu früh damit beginnen kann.

Literatur

Bauer, Wolfgang: *Geschichte der chinesischen Philosophie.* München 2009

Clausewitz, Carl von: *Vom Kriege.* Hamburg 2008

Davis, Karen D.: “Culture, Climate and Leadership in the Canadian Forces: Approaches to Measurement and Analysis”. In: MacIntyre, Allister; Davis, Karen D. (Hrsg.): *Dimensions of Military Leadership.* Kingston 2006

Dörner, Astrid; Obmann, Claudia: „Die wichtigste Maxime, die sich Manager vom Militär abschauen“. In: *WirtschaftsWoche* vom 23. April 2017

Gabarro, John J.; Kotter, John P.: *Managing Your Boss.* Brighton, Massachusetts, 2008

Henzler, Herbert: *Das Auge des Bauern macht die Kühe fett. Ein Plädoyer für Verantwortung und echtes Unternehmertum.* München 2005

Henzler, Herbert: *Immer am Limit. Der Spitzenmanager von McKinsey erinnert sich.* Berlin 2011

Janssen, Bodo: *Die stille Revolution. Führen mit Sinn und Menschlichkeit.* München 2016

Kotter, John P.: “What Leaders Really Do?” In: *Harvard Business Review* 1977 und 2001

Leyendecker, Hans: „Neuer Drang zur Sauberkeit“. In: *Süddeutsche Zeitung* vom 19. Mai 2010

Maccoby, Michael: *Narcissistic Leaders.* Watertown, Massachusetts, 2007

Meffert, Jürgen; Meffert, Heribert: *Eins oder Null. Wie Sie Ihr Unternehmen mit Digital@Scale in die digitale Zukunft führen*. Berlin 2017

Menzies, Gavin: *1421. Als China die Welt entdeckte*. München 2003

Müller, Eva: „Der digitale Chef". In: *manager magazin* vom 28. April 2014

Peter, Laurence P.; Hull, Raymond: *Das Peter-Prinzip. Oder die Hierarchie der Unfähigen*. Reinbek 2001

Peters, Tom; Waterman, Robert H.: *Auf der Suche nach Spitzenleistungen. Was man von den bestgeführten US-Unternehmen lernen kann*. München 1982

Petrick-Lehr, Christina: „Gute Führung kann man lernen". In: *Welt* vom 8. Juni 2019

Piketty, Thomas: *Das Kapital im 21. Jahrhundert*. München 2016

Precht, Richard David: *Jäger, Hirten, Kritiker. Eine Utopie für die digitale Gesellschaft*. München 2018

Scheele, Martin: „Wenn die Chefs durch den TÜV müssen". In: *Frankfurter Allgemeine Zeitung* vom 15. Mai 2019

Seifert, Karl-Gerhard: *Goodbye Hoechst. Von Könnern, Spielern und Scharlatanen*. Frankfurt am Main 2019

Thomashoff, Hans-Otto: *Das gelungene Ich. Die vier Säulen der Hirnforschung für ein erfülltes Leben*. München 2017

Villiers, Pierre de: *Qu'est-ce qu'un chef?*. Paris 2018

Vogelsang, Kai: *Geschichte Chinas*. Ditzingen 2013

Zaleznik, Abraham: "Managers and Leaders: Are They Different?" In: *Harvard Business Review* Mai/Juni 1977

Index

A

B

C

D

E

F

G

H

I

J

K

L

M

N

O

P

Q

R

S

T

U

V

Der Autor

Herbert Henzler hat in über 32 Jahren Erfahrung als Berater bei McKinsey viele Unternehmen kennengelernt und geprägt. Er führte das deutsche McKinsey Office und war Leiter der europäischen Praxis, bevor er Advisor des Chairmans von Credit Suisse wurde.

Seit 20 Jahren unterrichtet er Internationales Management an der Ludwig-Maximilians-Universität in München, wo er auch jetzt noch als Fakultätsmitglied der BWL wirkt.

Daneben ist er Investor bei mehreren Start-ups und Aufsichtsrats- beziehungsweise Beiratsmitglied bei internationalen Unternehmen. Herbert Henzler hat mehrere Bücher zu aktuellen volkswirtschaftlichen Themen (unter anderem in Zusammenarbeit mit Lothar Späth) und zu Fragen des Managements veröffentlicht und mehrere Kommissionen für die bayerische Staatsregierung geleitet.